亮剑普洱

LIANGJIAN PUER

茶为国饮 普洱争艳

林治

—— 典藏版 ——

中国出版集团
世界图书出版公司
西安 北京 上海 广州

图书在版编目(CIP)数据

亮剑普洱：典藏版 / 林治著.—西安：世界图书出版西安有限公司, 2015.9

ISBN 978-7-5192-0237-8

Ⅰ. ①亮… Ⅱ. ①林… Ⅲ. ①普洱茶—研究 Ⅳ. ①TS272.5

中国版本图书馆CIP数据核字（2015）第236198号

亮剑普洱：典藏版

著　　者　林　治
责任编辑　李江彬
视觉设计　诗风文化

出版发行　**世界图书出版西安有限公司**
地　　址　西安市北大街85号
邮　　编　710003
电　　话　029－87214941　87233647（市场营销部）
　　　　　029－87235105（总编室）
传　　真　029－87279675
经　　销　全国各地新华书店
印　　刷　陕西金和印务有限公司

成品尺寸　180mm×250mm　1/16
印　　张　15
字　　数　200千
版　　次　2015年9月第1版　2015年9月第1次印刷
书　　号　ISBN 978-7-5192-0237-8
定　　价　58.00元

序

进入新世纪，一股“普洱茶热”迅速兴起，从南到北，席卷全中国，影响及于海外，给古老而年轻的中国茶产业注入了无限的生机与活力！这股普洱茶热潮，推动了中国茶产业的发展，促进了中国茶市场的繁荣，丰富了中国茶文化的内涵，使茶文化和饮茶知识得到了普及，这对于中国茶产业未来的发展将产生深远的影响！

所有超速发展的事物都难免出现一些偏离理性和科学的现象。“普洱茶热”中也出现了一些不太科学的说法和以讹传讹的错误观点，如在很多的普洱茶出版物中和普洱茶的营销推广活动中，以普洱茶排斥其他茶类，似是而非的普洱茶年份鉴定，一些玄之又玄的品饮体验等。众所周知，我国是一个产茶历史悠久、茶区范围广阔的产茶大国，多茶类生产是中国茶叶生产的重要特征，丰富多彩的茶类产品和各自独特的品质风格，一直是中国在国际茶叶市场的竞争优势之一。因此，在普洱茶热不断升温、中国茶产业振翅欲飞的时候，科学和理性是普洱茶产业和中国茶产业健康快速发展的思想保证。

林治先生是一位造诣颇深的茶文化专家，潜心于中国茶文化的研究与推广数十年，著述丰富，名满天下。近年，林先生又致力于普洱茶文化的研究，通过文献研究和实地调研，著成《亮剑普洱》一书，从茶史、茶性、茶趣、茶艺、茶道、市场、养生等七个方面，条分缕析，全面系统地论述了普洱茶的产销历史、品质特性、品饮技法和茶道养生之说，匡正了普洱茶文化传播中许多不确切的说法，为消费者了解普洱茶知识、理解普洱茶文化提供了一本难得的好读本。这是林治先生对中国茶文化的又一重要贡献！

本人事茶也晚，且一直从事茶叶科学技术研究工作，对茶文化真是个典型的门外汉。虽然久闻林治先生大名，去年才在长沙首次见面，两位在年龄、经历、研究领域等方面迥异的茶人因茶结缘，深感相见恨晚，如今成了亲密好友。前些时候，林先生来电邀我为其新著《亮剑普洱》作序，我自愧不才，却之再三，终为林先生的诚意所感，答应作为本书最早的读者之一，写一篇简短的读后感，便有了以上的文字。在此衷心祝贺《亮剑普洱》的出版，也祝愿普洱茶产业和中国茶产业更加兴旺发达！

刘仲华

湖南农业大学教授、中国茶叶学会副理事长

中国茶叶流通协会副会长兼专家委员会主任

丁亥年四月廿二日于湖南农业大学

再版自序

爱你，怕你，最终还是迷恋你

21 世纪初，不知是谁一挥魔杖，普洱茶便从“灰姑娘”变成了“白雪公主”，不仅名满神州，驰誉海外，而且受到无数爱茶人的追捧。如今中国普洱茶和法国葡萄酒如两朵并蒂奇葩，被双双誉为“可以品饮的活古董”。对于近几年出现的普洱茶热，有人欣喜若狂，有人忧心忡忡，有人则又爱又怕。我的好友，韩国中国茶文化研究会会长姜育发教授，就是一位对普洱茶又爱又怕的人。他坦诚直言：“韩国人目前对普洱茶是又爱又怕。为什么呢？因为目前普洱茶真真假假，虚虚实实太多，对茶的影响力最大的是商人而不是学者，我们学者讲话好像没有多大作用。”

我也曾经是对普洱茶又爱又怕的人，其实，对普洱茶又爱又怕几乎是每一位初恋普洱的人都会有的心态。因为普洱茶的茶性太复杂了！苏东坡有一句咏茶的千古绝唱：“戏做小诗君一笑，从来佳茗似佳人。”他把好茶比做美女，真是传神达韵之极，真是再大胆、再贴切不过了！在当代，顺着苏东坡的思路展开去想，我认为如果把茶比做美女，那么绿茶如清丽妩媚、清纯可爱的春妆处子；红茶好比体贴包容、温顺柔情、具有传统美德的东方少妇；白茶、黄茶像是不食人间烟火，超然出世的年轻道姑；乌龙茶好比是大牌明星，风情万种，风韵各异，个个个性鲜明，大红袍就是大红袍，铁观音就是铁观音，凤凰单丛就是凤凰单丛，她们虽然同属乌龙茶类，但是谁也不像谁；花茶则像都市“美眉”，虽然有点脂粉味，但只要恰到好处，也算时尚动人。而唯独普洱茶极难比喻，我挖空心思去想，若一定要用“佳人”来比喻的话，那么普洱茶极像蒲松龄笔下《聊斋》中的女主角，或狐，或仙，或妖，或鬼，全看你的造化和慧眼。个别不讲卫生，在肮脏环境中粗制滥造的劣质普洱茶像鬼、像妖，包装得再好也只能是《聊斋》中的“画皮”，亲近了之后最终会对人体造成危害。而优质的普洱茶，无论是经过干仓自然陈化的陈年老茶，还是运用科学的方法，经过微生物工程快速发酵的熟茶，都像《聊斋》中千年修行得道的“狐仙”，她们娇容百变、仪态万千，而且修炼的时间越长久，越发能让你心醉神迷。茶人爱普洱，是因为普洱中有“莲香”“娇娜”“青凤”“阿绣”“小翠”等百媚千娇，各有个性而又都令人痴迷的“狐仙”。

茶人怕普洱，是因为当前普洱茶市场上“画皮”比比皆是。以霉变充陈者有之，炒作年份者有之，冒充野茶哄抬茶价者有之，甚至用污水渥堆发酵者亦有之。如果你看过个别唯利是图的奸商用来生产普洱茶的“发酵车间”，不吓得捂着鼻子逃之夭夭才怪。

不过，所有这些毕竟如彩云之南天空上的乌云，虽然给人们投下一片阴影，但终究不会永远乌云蔽日。我迷恋普洱茶，不仅仅因为她是“健康之液”“快乐之杯”，更主要的是因为她是真正的“灵魂之饮”。普洱茶最迷人之处，除了她具有千变万化，魅力无穷的色、香、味、韵、气之外，还因为她有着厚重的历史积淀和丰富多彩的人文精神。这种文化积淀和人文精神最集中地表现在“雅俗共赏”和“与时俱进”两个方面。

从本质上说，中国茶文化都是雅俗共赏的文化，都是与时俱进的文化。“开门七件事，柴米油盐酱醋茶”，茶是我国老百姓一日不可或缺的生活必需品。“文人七件宝，琴棋书画诗酒茶。”茶是中国传统文化的物质载体。虽然中国的十大茶类，数千种名茶都具备雅俗共赏、与时俱进这两大特点，但没有哪一种茶像普洱这样，能把茶文化的特点演绎得那么精彩动人、淋漓尽致。

在富丽堂皇的大观园怡红院中，贾宝玉因为吃撑了，林之孝家的赶忙让丫鬟炖普洱茶给宝玉喝；在茶马古道破旧木屋的火塘边，饥寒交迫的山民们就着手里的粗粮，照样能有滋有味地喝普洱茶。在清代的皇宫里，权倾朝野的慈禧太后用普洱茶美容养颜；在现代都市中，时尚的“美眉”们同样可以用普洱茶来窈窕瘦身。

在农家小院的月夜，老人一边品着普洱茶，一边给儿孙们讲述着“从前有座山，山里有座庙”的古老故事；在《战争与和平》中，俄罗斯贵族少爷小姐们围着温暖的壁炉，一边喝着普洱茶，一边高谈阔论，预测战争的发展与结局。

无论是在马背上的蹉跎岁月，还是搭乘飞机飞越大洋，出口到国外的风光年代，也无论是在金碧辉煌的皇宫，还是在别墅、茅舍、竹楼、山寨、闺房、书斋、道观或庙堂，普洱茶都能得到不同国籍、不同身份、不同性别、不同年龄人的钟爱与追捧。普洱茶是现代茶类中最当红的明星。因为普洱茶把我国众多民族的民族信仰、民间风俗、民族文化与云南山水灵气相融合，融汇于一杯浓浓的茶水之中，所以普洱茶便超越了单纯为一种饮料的意义，成为一种传统的文明，一种时尚的生活，一种精神的寄托，一种人文的追求。

当我真正了解了普洱茶之后，她便成了我最亲密的伴侣。如果说法国葡萄酒用她的美味征服了我的味蕾，那么普洱茶则用她无比丰富的内涵征服了我的心灵。为了让更多的人了解普洱茶，我斗胆抛出这本《亮剑普洱（典藏版）》。这里所亮之剑，佛家称之为“活人剑”，佛门素有“杀人刀，活人剑”之说。“剑”喻智慧，以智慧的利刃斩除一切错误和妄想，复活真理和真性，所以称为“活人剑”。《亮剑普洱（典藏版）》倾诉的都是我肺腑之言，讲的都是真心话。我认为，茶人应当既有包容之心，又有亮剑精神，在茶文化研究方面尤应如此。当前，普洱茶的文化市场与茶叶市场一样，既繁荣又混乱。一方面是见仁见智，百花齐放，上百种普洱茶图书大量出版发行；一方面是有人肆意恶炒，流弊丛生。普洱茶产业面临“成亦萧何，败亦萧何”的甚忧局面，所以我国酒业大王武克刚等有识之士建议普洱茶界办一个“华山论剑”，让普洱茶发出一个声音。十年前我在《亮剑普洱》中对茶史、茶性、茶趣、茶艺、茶道、市场、养生等七个方面的问题，都直言不讳地亮出了自己的观点，就算是亮出“七剑”吧，这七剑都经受了时间的考验。如今，世界图书出版西安有限公司决定出版《亮剑普洱（典藏版）》，我未做太大修改并建议他们保持这本书的原状，是因为历史应当是真实的记录，不可随意乱改，这十年来我对普洱茶的新认识将在《普洱涅槃》这本新书中与读者交流。

今天是农历“小年”，是汉族民间传统的“祭灶日”，这一天家家户户都要请来吉祥如意的幸福星、升官发财的高禄星、平安健康的长寿星。在“小年”这个喜庆的日子，我祝朋友们幸福吉祥、健康长寿！祝普洱茶产业兴旺发达！

林　冶

2016 年 2 月 1 日于西安曲江读月斋

目录 CONTENTS

茶史篇

亮剑❶

茶性篇

亮剑❷

茶趣篇

亮剑❸

茶艺篇

亮剑❹

茶道篇

亮剑❺

市场篇

亮剑❻

养生篇

亮剑❼

茶史篇

上穷碧落下黄泉，寻君千年君不见

远古的呼唤

迷离的身世

迷人的乐章

亮剑一

对普洱茶历史的宣传应坚持『三不』主义

远古的呼唤（厉志供稿）

远古的呼唤

云南是茶的故乡，但因为地处边疆，在古代交通不便，经济文化相对落后，被称为瘴蛮之地，所以有关茶的文字记载并不多。可考证的关于云南产茶的最早文字记载，见于唐朝樊绰于咸通五年（864 年）撰的《蛮书》，书中云："茶出银生城界诸山，散收无采造法。蒙舍蛮以椒、姜、桂和烹而饮之"。宋代的李石在《续博物志》中也有"茶出银生诸山，采无时，杂椒姜烹而饮之。"的相似说法。银生城为唐代南诏国时期（748-937 年）所建，设有银生节度使，下辖今日之西双版纳州、普洱市全境以及临沧市和大理白族自治州的部分地区。樊绰与唐代茶圣陆羽是同时代人，咸通三年（862 年）任安南（今越南河内）经略使，他对云南的风土人情十分熟悉，在广泛调查的基础上，写出了《蛮书》，其中所记云南史事多为直接见闻，可信度较高。李石是宋代人，绍兴二十一年（1151 年）高中状元，官至太学博士，是宋代著名的学问家，他的书也有很高的史学价值。据其记载，早在唐代云南即用粗放的工艺生产茶叶。但是，云南在唐代即出产茶叶并不等同普洱茶的历史可追溯到唐朝。因为云南茶与普洱茶是性质不同的两个概念，云南茶是指云南茶产业或泛指云南生产的各种茶叶，而普洱茶则是专指一个特定的茶类。实际上云南产茶的历史远比文字记载的更加悠久，而普洱茶作为一个新兴的茶类却相当年轻。当前一些普洱茶专家恰恰是有意或无意地混淆这两个性质不同的概念，犯了逻辑和常识性错误，把普洱茶史搅成了一锅粥。

云南省是国际茶学界普遍认同的茶树原产地中心地带。植物学家分析推测，茶树在云南这块美丽而神奇的土地上，至少已生长繁衍了

作者与韩国茶文化专家姜育发（右）在2700年树龄的千家寨茶树王前

历经1700年沧桑的巴达野生茶树王（今已死亡）

6000 万年。据张宏达教授论证，世界茶种植物已发现有 37 个原种和 3 个变种，其中分布于云南的就有 31 个原种和 2 个变种。云南野生古茶树资源十分丰富，例如镇沅县千家寨野生茶树王，树高 25.6 米，基部干径 1.2 米，已有 2700 年树龄，勐海县巴达大黑山野生茶树王原高 32.12 米，已有 1700 年树龄（现已死亡），澜沧县的景迈山，勐海县的南糯山等地至今还是万亩连片的古茶园。赵汝碧、曾云荣、张俊、吕尔贤等专家的普查报告指出，西双版纳州现存古茶园还有 82 234 亩。考古研究认定，7000 年前的云南就有人类繁衍生息，云南的各兄弟民族自古都嗜茶、好茶，早在有文字记载之前，他们就开始栽培茶、饮用茶，并且世世代代怀着感恩之心，年年都祭拜茶祖。

不同的民族有不同的茶祖。生活在芒景、景迈山古茶山上的布朗族祭拜的茶祖是叭岩冷（也作帕哎冷）以及他的妻子景洪傣王的七公主南发来。

景迈山上万亩连片的古茶园

相传景迈山原本无茶，是叭岩冷和七公主带领布朗先民开山种茶，才使布朗人过上了幸福的生活。相传叭岩冷曾留给子孙后代这样的遗言：

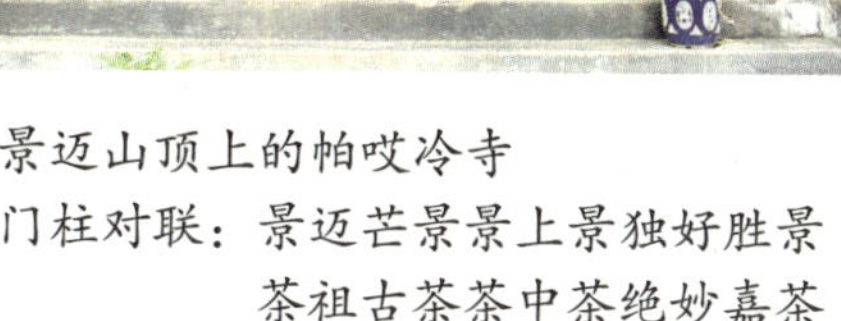
景迈山顶上的帕哎冷寺

门柱对联：景迈芒景景上景独好胜景

茶祖古茶茶中茶绝妙嘉茶

七公主南发来纪念亭

留给你们牛马，

怕遇病而亡。

留给你们金银财宝，

怕你们很快花光。

就留给你们这些茶树吧！

这样才会让子孙后代取之不尽，用之不完。

茶林环抱着的茶乡村寨

据傣文记载，叭岩冷是唐代人，距今已有1300多年。千百年过去了，但每年的山康节，布朗族人都会自发云集到芒景茶山上祭茶祖，叭岩冷留下的古茶林历尽沧桑，却依然郁郁葱葱，依然在为子孙造福。

生活在西双版纳普洱市六大茶山的傣族、拉祜族、哈尼族则尊诸葛孔明为茶祖，把攸乐山称为孔明山，傣族人每年过傣历年，要放“孔明灯”祭茶祖，每年农历七月二十三日，当地群众有上山拜茶王的习俗。民间习俗虽难考其源，但必然事出有因，按照这一民俗推算，早在1780多年前，诸葛亮就已在云南兴茶。

德昂族（原称崩龙族）自称为“古老的茶农”。在德宏傣族景颇族自治州流传着一首长达1900行的神话史诗《达古达楞格莱标》，德昂语意为“最早的祖先传说”。这首史诗述说了茶源于远古的图腾时代，在每年举行图腾仪式时，巫师就领着众人诵唱这首史诗：

茶叶是茶树的生命，
茶叶是万物的阿祖。

茶叶是德昂的命脉，
有德昂人的地方就有茶山。
神奇的传说传到现在，
德昂人的身上还飘着茶叶的芳香。

向茶祖虔诚献茶
（引自《云南普洱茶·夏》）

一千多年过去了，叭岩冷留下的古茶林历尽沧桑，却依然郁郁葱葱，依然在为子孙造福

据考古学家的论证，图腾时代距今约12 000年，按照这种推论，早在远古时代，生活在云南原始大森林中的先民们就已把茶树作为崇拜的偶像。

在云南，关于茶的历史故事和西双版纳热带植物园中的鲜花一样多。无数动人的民间故事和多姿多彩的民族茶俗如同远古的呼唤，在我们的耳边回响，在我们的心头激荡。它时时提醒我们，在研究茶时千万不可忘记历史，千万不可忽视云南茶文化的历史积淀是十分厚重的。但是，从学术研究的角度看，所有这一切都只能用来说明云南产茶的历史十分悠久，而不能用来说明普洱茶的历史同样悠久。稍有茶史常识的人都知道，在明代之前我国的茶叶尚未形成科学的分类：唐代《茶经》中把茶分为粗茶、散茶、末茶、饼茶四类；宋代《宋史·食货志》把茶分为片茶、散茶两类；元代则根据茶的老嫩程度把茶分为芽茶和叶茶两类；到了明代之后，随着制茶工艺的改进和茶文化的发展，才逐步根据茶性和制茶工艺把茶分为绿茶、红茶、乌龙茶、白茶、黄茶、黑茶、普洱茶、花茶、拼配茶和非茶之茶十大类（或《中国茶经》中所说的六大基本茶类）。云南的茶产业也正是从明代开始，才逐步摆脱了“无采造法”“采无时”等落后粗放的生产方式，逐步形成了以生产绿茶、普洱茶和红茶三大茶类为主的生产新格局。

景迈山云海

据农业专家组认定已有 3200 年历史的锦绣茶祖，无人知道其迷离的身世。

迷离的身世

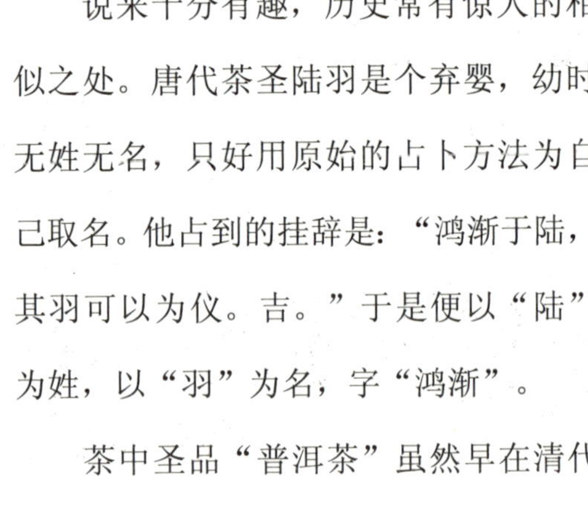

说来十分有趣，历史常有惊人的相似之处。唐代茶圣陆羽是个弃婴，幼时无姓无名，只好用原始的占卜方法为自己取名。他占到的挂辞是：“鸿渐于陆，其羽可以为仪。吉。”于是便以“陆”为姓，以“羽”为名，字“鸿渐”。

茶中圣品“普洱茶”虽然早在清代就“名遍天下”，但普洱茶直到 20 世纪都一直没有正名。翻遍《辞海》《辞源》《新华词典》等权威工具书，书中均无普洱茶这一辞目。查阅茶学专著，对普洱茶的解释也莫衷一是。陈宗懋院士主编的《中国茶经》把普洱茶归入黑茶类。

茶圣陆羽

王镇恒教授主编的《中国名茶志》中说："明代普洱名茶问世。产于滇西南茶区，主产区位于西双版纳和思茅（现普洱市）所辖之地，因集散于普洱（县）而得名。"2000年，由中国轻工业出版社编辑出版的《中国茶叶大辞典》载曰："历史上的普洱茶，泛指思茅区（现普洱市）生产的，集中于普洱府所在地（今普洱县）销售的，以云南大叶茶为原料制成的晒青毛茶及其压制成的紧压茶。"目前市面上出版的一些普洱专著中对普洱茶的解释更是众说纷纭，有生普洱茶非普洱茶论，有坚持普洱茶属于黑茶论，有"蝌蚪青蛙论""鸡蛋小鸡论"等，读后让人一头雾水。

云南省颁布了普洱类"标准"，该标准对普洱茶下了如下定义：

生普洱的茶汤

熟普洱的茶汤（云南今雨轩供稿）

普洱茶是云南特有的地理标志产品，以符合普洱茶产地环境条件的云南大叶种晒青茶为原料，按特定的加工工艺生产，具有独特品质特征的茶叶。普洱茶分为普洱茶生茶和普洱茶熟茶两大类型。

普洱茶生茶：是以符合普洱茶产地环境条件下生长的云南大叶种茶树鲜叶为原料，经过杀青、揉捻、日光干燥、蒸压成型等工艺制成的紧压茶。其品质特征为：外形色泽墨绿，香气清纯持久，滋味浓厚回甘，汤色绿黄、清亮，叶底肥厚黄绿。

普洱茶熟茶：是以符合普洱茶产地环境条件的云南大地种晒青茶为原料，采用特定工艺，经过后发酵（快速发酵或缓慢后发酵）加工形成的散茶和紧压茶。其品质特征为：外形色泽红褐，内质汤色红浓明亮，香气独特陈香，滋味醇厚回甘，叶底红褐。

2008年6月17日，国家出台了关于普洱茶的新标准，并于2008年12月1日正式实施。该国标对普洱茶的定义是：普洱茶必须以地理标志保护范围内的云南大叶种晒青茶为原料，并且在地理标志保护范围内采用特定的加工工艺制成。由国家质检总局规定的普洱茶地理标志产品保护范围是：云南省昆明市、楚雄州、玉溪市、红河州、文山州、普洱市、西双版纳州、大理州、德宏州、保山市、临沧市等 11 个州、市所属的639个乡镇。非上述地理标志保护范围内地区生产的茶不能叫普洱茶，云南茶企业到上述地理标志保护范围地区外购买茶菁，以此为原料做成的茶也不能叫普洱茶。

“标准”颁布了，定义也下了，但争论远没有结束。因为普洱茶“标准”虽然经过了许多专家的长期争论，但是其中不少实质性的问题并没有达成共识，还需进一步深入探讨。只有做到“名正言顺”，普洱茶产业与普洱茶文化才能和谐地演奏出迷人的乐章。

冰岛乔木普洱茶树

浪漫音乐红茶《梁祝》——“六如”茶天使艺术团

我认为普洱茶的生产发展大体上可分为五个阶段。

第一阶段是唐宋时期“散收，无采造法”的原始生产阶段，这一阶段是云南茶叶生产（含绿茶、红茶、花茶、紧压茶等）的滥觞期，所生产的茶叶尚不能称为“普洱茶”，而是粗制的绿茶或白茶。

第二个阶段是得名期。这个时期约为 1279—1644 年，随着中原文化不断传入云南，促进了云南茶叶生产的发展，据明代万历年间谢肇制著的《滇略》卷三记载：“士庶所用皆普茶也，蒸而团之”，普洱茶的压制方法已具雏形，普洱茶也因在普日部（即后来的普洱县）集散而得名。

第三阶段是清代到民国的鼎盛时期。这一阶段自清军入关（1644 年）直到 1949 年。这个阶段普洱茶产业发展虽有几起几落，但总体上看是兴盛的。兴盛有三个重要标志，其一是民间贸易极度繁荣，据史料记载："清顺治十八年(1661年)仅从普洱运销西藏的茶叶就达3万驮之多。"(黄桂枢《云南普洱茶史与茶文化略考》）清人擅萃《滇海虞衡志》中记载："普茶，名重于天下，此滇之为产而资利赖者也。入山做茶者数十万人，茶客收买运于各处，每盈路，可谓大钱矣！"当时普洱茶产销盛况可见一斑。其二是"瑞贡天朝"，从"贡茶案册知，每年进贡之茶，例于布政司库铜息项下，动支银两一千两，由思茅厅领去转发采办。"（光绪《普洱府志》卷之十九）因为普洱茶品质优异，风味独特并且最能解牛羊之毒，所以深受清宫权贵的喜爱。清朝末代皇帝爱新觉罗•溥仪曾说："夏喝龙井，冬饮普洱。拥有普洱茶是皇室地位的标志。"其三，这一时期是"号级茶"的盛产期及"印级茶"的初创期。据清代张弘所撰《滇南新语》（1755年左右）记载"普洱茶珍品，则有毛茶、芽茶、

迷人的乐章（历志供稿）

品味历史——六如茶天使阳萍

女儿茶之号。毛尖即雨前所采者，不作团，味淡香如荷，新色嫩绿可爱；芽茶较毛尖稍壮，采制成团，以二两、四两为率，滇人重之；女儿茶亦芽茶之类，取于谷雨后，以一斤至十斤为团。”足见当时普洱茶已形成散茶、团茶等系列产品。

第四阶段是属于黑茶类时期。这一时期自1949年到2002年6月中国普洱茶国际研讨会的召开。这个时期内的全国各农业大学茶学教科书以及权威的茶学专著均把普洱茶归到黑茶类，而黑茶一般也称为“边销茶”，是指特供当时经济发展水平较低的边疆少数民族地区饮用的低价位茶。在这一时期里，学术界对普洱茶虽然有一些研究，如西南大学李泽生，浙江大学胡月龄等相继发表过黑茶微生物研究报告；20世纪80年代初刘勤晋教授对普洱茶渥堆中微生物及酶的变化进行较系统的分离和鉴定；20世纪90年代以来，丁俊之、罗龙新、邵宛芳、杨崇仁、周红杰、李连喜、陈文品等专家就普洱茶的化学成分与品质的关系也都做了不少研究。但是，从总体上看，这个时期大家都把普洱茶当作黑茶中的一个品种，专家研究的成果并没有得到足够的重视。在全国名茶评比中，普洱茶也是不显山，不露水，除了下关沱茶之外，很少引人注目。即使是在云南本省的名优茶评比中，普洱茶获奖的品目也很少。例如，据《中国名茶志》记载，云南省在20世纪80年代和90年代评出的省级以上的名茶5类共58个品目，其中红茶类5个品目、绿茶类42个品目、花茶类1个品目、普洱茶类3个品目、紧压茶类7个品目。普洱茶类的名优茶仅占云南省名优茶的1/20，即使加上紧压茶类也仅占1/6。可见在这个时期普洱茶并没有受到足够的重视。

享受人生——“六如”茶艺导师郭粤茗

第五阶段是现代普洱茶阶段。这一阶段始于经云南省人民政府同意，由中国国际茶文化研究会、云南省西双版纳傣族自治州人民政府、云南省茶业协会共同主办的“2002 中国普洱茶国际学术研讨会”。现代普洱茶阶段的重要标志是从理论上提出了普洱茶是独立的一大茶类，并对这一观点进行了深入探讨和广泛论证。同时，在港、台、粤、滇茶人的推动下，普洱茶的市场空前兴旺。理论的突破和市场的拓展开辟了普洱茶的新纪元，谱写出了普洱茶迷人的乐章。

我十分赞同中国科学院昆明植物研究所杨崇仁教授的观点，应当用包容性定义来诠释普洱茶，这样，普洱茶作为一种独立茶类，从茶性上讲，它既包括了生茶，也包括在长期存放过程中自然陈化的老茶、湿仓加速陈化的湿仓茶、泼水渥堆快速发酵的熟茶、添加化学药剂催化的熟茶以及应用现代微生物工程快速发酵的熟茶五种不同类型的普洱茶。

亲近自然——“六如”茶天使阳萍

另外，特别应当强调的一点是，普洱茶作为一个独立的茶类，它和红茶、绿茶、乌龙茶、黄茶、白茶等其他茶类一样，只要用符合标准的原料并按照标准生产工艺去加工，在任何一个茶区均可以生产普洱茶。事实上，目前国内外茶叶市场上销售的普洱茶既有云南产的，也有广东、湖南、广西、四川、海南等地生产的，还有越南、泰国、老挝、印尼、缅甸等国家生产的境外普洱茶。众多茶区追风生产普洱茶是客观存在的事实，这是无法靠行政手段去禁绝的，只有借鉴法国葡萄酒实行地理标志产品保护法，对云南普洱茶实行地理标志产品保护，对其他产区生产的普洱茶进行规范管理，才可能保持普洱茶市场的有序发展。

全世界不少国家和地区都生产葡萄酒，但是这并没对法国葡萄酒产业造成不良影响，相反，世界葡萄酒产业和葡萄酒文化的蓬勃发展为法国葡萄酒大造声势，为葡萄酒拓展全球市场奠定了基础。法国葡萄酒在这个坚实而庞大的基础上，好比是皇冠顶上的明珠，独领风骚，

举世关注普洱，传媒聚焦普洱，因为普洱正在演奏迷人的乐章

憧憬未来——“六如”茶天使李之鑫

独享盛誉。云南普洱茶应当是大概念普洱茶金字塔顶的皇冠。

为了维护法国葡萄酒厂商和消费者的利益，法国对葡萄酒实行严格的分级。级别从低到高依次为：

1. 普通级（VINSDETABLE）：这种酒不提及任何地理起源。

2. 地区餐酒（VINSDEPAYS）：这种酒有生产地区标志。

3. 优良地区葡萄酒（VDQS）：这是一类生产受到原产地监控命名制度严格管理的酒，只有满足生产地域、品种、最低酒精度、产量、葡萄栽培方式和酿酒方式的特点要求，并经过专家组品尝和理化分析，才能贴上相应的标签。

4. 原产地监控命名（法定产区）葡萄酒（AOC）：这种酒是在

VDQS 的基础上，进行更严格的控制。例如，地域命名可以是一个镇，一个村或者仅仅是一块数公顷的葡萄园。其次，葡萄酒必须用认可的优良品种生产。其三，葡萄栽培的整个过程和葡萄酒酿造、陈化的整个过程都必须严格遵守有关规定，最后还要通过国家原产地命名管理局专家的品尝和理化检测。法国法定产区酒的标签科学地标明了 10 项内容，这些内容的中文含义为：

① 原产地监控（法定产区）的名称；

② 灌装者的名称和地址以示负法律责任；

法国法定葡萄酒产区的酒标——葡萄酒的身份证

③ 以升或毫升为单位标出酒的容量；

④ 以体积百分比标明酒精浓度；

⑤ 原产国；

⑥ 所有者姓名；

⑦ 指明是在某酒庄、酒堡灌装；

⑧ 生产年份；

⑨ 品牌或酒庄号；

⑩ 溯源代码。

我国的普洱茶可以学习法国葡萄酒成功的分级管理经验并借鉴他们的酒标设计，进而为每一饼（或每盒）普洱茶设计一张“身份证”，同时把普洱茶分为一般普洱茶、云南大叶种普洱茶、优质地区普洱茶和原产地监控命名普洱茶（如南糯山普洱，景迈山普洱等），然后让普洱茶带着“身份证”进入流通环节。

只有具备“天下普洱”的胸怀，才能打造出“普洱天下”的局面，才能让现代普洱茶像多声部大合唱的侗族大歌一样，为世人献上一曲迷人的乐章。

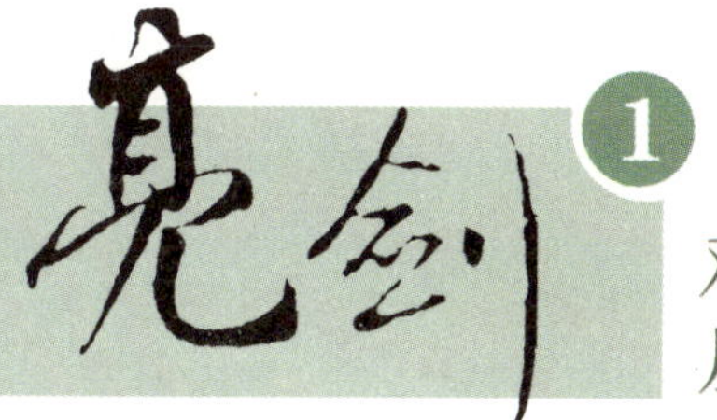

1 对普洱茶历史的宣传应坚持“三不”主义

不厚古薄今

中国文人有一个通病，无论是说人还是论事，非要考证到天地玄黄，地老洪荒不可，否则就觉得没有历史，没有根基。其实普洱茶的史料极单薄，我先后拜读了几十本普洱茶书，这些书中颠过来倒过去，辗转引用的也不过是唐代樊绰的《蛮书》，李石的《续博特志》，再下来就是明末谢肇制的《滇略》，清代方以智的《物理小识》，清代赵学敏的《本草纲目拾遗》，清代张泓的《滇南新语》，清代檀萃的《滇海虞衡志》以及清代阮福的《普洱茶记》等零零星星的记载。这些作者何许人也？

方以智，安徽桐城人，崇祯年间进士，明亡后在青原山出家，著有《通雅》《物理小识》《浮山集》等。赵学敏，浙江钱塘人，虽无功名，但长期对药物进行采集和研究，著《本草纲目拾遗》。张泓，汉军镶蓝旗人，乾隆年间的监生。檀萃，望江人（今安徽省），乾隆二十六年（1761年）进士，曾任禄劝县知县。阮福，江苏仪征县人，官至甘肃平凉知府。很显然以上这些人都称不上名宦大儒，更不是茶学大家，况且他们讲到普洱茶都只是只言片语，既非鸿篇巨制，更非传世经典。比起武夷茶，从大宋皇帝宋徽宗到林逋、欧阳修、王安石、司马光、范仲淹、苏东坡、黄庭坚、蔡襄、李纲、朱熹，再到清代嗜茶皇帝乾隆，都有大量题咏的诗词歌赋传颂于世；比起西湖龙井，仅乾隆皇帝就四次写诗大加赞扬普洱茶；比起蒙顶黄芽、顾渚紫笋、仙人掌茶、信阳毛尖、双井茶、六安瓜片等历史名茶，普洱茶的史料记载如凤毛麟角，甚至少得寒碜。因此，我们在介绍普洱茶的历史时尤其不应当只注重于在古籍中去翻

走向世界——林治先生率领中国大学生茶艺团参加2015年米兰世博会

找出有关的只言片语，而应当用浓墨重彩来描写现代普洱茶，歌颂当代茶人在传承历史的前提下，开拓创新、与时俱进、取得的新成果。

不以讹传讹

史料不够，东拼西凑，甚至“指鹿为马”的现象在当前的普洱茶书中也较严重。例如有一位台湾著名的普洱爱好者在一本很有影响的茶书《普洱茶》中写道：“普洱的兰香，‘香于九畹芳兰气，圆如三秋皓月轮’（宋·王禹）。这是描述普洱茶最美的诗句，普洱茶品茗者最喜欢将它朗诵不绝于口”，这真是“关公战秦琼”。

王禹称应为王禹偁（954-1001），字元之，济州（今山东巨野）人，宋太平兴国八年（983 年）进士，官至翰林学士，深得皇帝宠信。有一次王禹偁得到皇帝赏赐的“龙凤茶”，他欣喜万分，赋诗感恩。诗的题目即《龙凤茶》，全诗如下：

样标龙凤号题新，赐得还因作近臣。
烹处岂期商岭水，碾时空想建溪春。
香于九畹香兰气，圆似三秋皓月轮。
爱惜不尝惟恐尽，除将供养白头亲。

“龙凤茶”产于北苑（今福建省建瓯市）早有各种史料明确记载，在茶文化界是人所共知的常识。诗中王禹偁在第二句也明确指出了茶

求真求实——老班章茶研究会成立会现场

的产地是“建溪”。建溪即从今武夷山市流到建瓯市的一条闽江支流。建溪两岸历史上盛产名茶。《普洱茶》的作者张冠李戴，指鹿为马，把“香于九畹芳兰气，圆如三秋皓月轮”说成是描写普洱茶的诗句，这一说法后来被不少人辗转引用，以讹传讹，影响面极广，如不及时纠正，今后随着茶文化知识越来越普及，人们了解事实真相后，一定会对有关普洱茶宣传的可信度产生怀疑。

再如目前在不少普洱茶书中都认定普洱茶早在唐代就有，其资料出处追根溯源，都出于檀萃的（《滇海虞衡志》卷11）中的一段文字，原文为：“顷检李石《续博物志》云：茶出银生诸山，采无时，杂椒姜烹而饮之。普洱古属银生府，则西蕃之用普洱茶，已自唐时。宋人不知。”这段文字本身没有错，但错在标点符号及推论。这段文字的正确标点应是：“顷检李石《续博物志》云：‘茶出银生诸山，采无时，杂椒姜烹而饮之。’普洱古属银生府，则西蕃之用普茶，已自唐时，宋人不知。”这句话前边引用的是李石的原文。“普洱古属银生府，则西蕃之用普洱茶，已自唐时，宋人不知”则是清代乾隆二十六年（1761年）进士檀萃自作聪明的推断。

李石是宋代绍兴二十一年（1151年）的状元，官至太学博士，是宋代著名的学问家，他以严谨的学风客观地记载了银生诸山宋代产茶“采无时”的事实，文中李石并没有讲当时的茶是“普洱茶”，作为宋代的人，他不可能讲“宋人不知”。

檀萃关于“西蕃之用普茶，已自唐时”的推论后来被清阮福在《普洱茶记》中引用，以后又被一些普洱茶书的作者一再引用，这使得普洱茶史成了“剪不断，理还乱”的一堆乱麻，至今还理不出个头绪。

天人合一，道法自然，大爱无疆——焦家良先生阐述中国茶道的精神

其实无论是从普洱茶名称出现的时间看，还是从普洱茶制作工艺初步成熟的时间看，普洱茶的历史只能追溯到明朝。

不排斥、不贬低其他茶类

在有关普洱茶宣传中，经常出现一些排斥其他茶类，贬低其他茶类的说法。例如："普洱茶是唯一越陈越香的茶"，"喝了普洱茶就不会再接受其他的茶类"等。其实只要茶质优良，存放得当，在一定的年限内"越陈越香"并不是普洱茶所独有的特性，最早也不是用来描述普洱茶的。广西六堡茶、湖南黑茶、湖北老青茶、四川边茶、武夷岩茶等在一定的储藏期内都具有越陈越香的特点。

明代崇祯进士周亮工（1612—1672）在《闽茶曲》中咏武夷茶时曾赋诗云：

雨前虽好但嫌新，火气未除莫近唇。
藏到深红三倍价，家家卖弄隔年陈。

这说明早在清朝初期武夷山人就有嗜喝陈茶的习俗。清代茶人王濡在《闽游记略》中亦有"闽俗茗饮，却新嗜陈"的记载。清乾隆年间曾在崇安县（今武夷山市）做了5年县令的刘靖在《片该余闲集》中对武夷茶"越陈越香"的特点写得更加详细。他说武夷茶"新者但可闻其清芬，稍为咀味，多则不宜。过一年后，于醉饱中烹尝之，则

科技创新——云南茶马司茶业有限公司董事长胡皓明在拼配茶叶

清凉剂也。余为崇安令五年，至去任时，计所收藏未半斤，十余载后，亦色香俱佳矣。”故自清代以来，武夷岩茶素有“其味甘泽而馥郁，去绿茶之苦，乏红茶之涩，性和不寒，久藏不坏，香久益清，味久益醇”之说。如今有些人把普洱茶“越陈越香”的茶性说成是台湾某教授 1993 年在《普洱茶》一书中总结出来的，这真是既无知又可笑。

普洱茶确实具有独特的风韵和极大的魅力，但并非是一旦接触，其他茶类便难以入口。我从 1966 年开始品饮普洱，至今 40 年了仍然是酷爱普洱，但亦爱其他茶类。从全球茶叶贸易看，红茶占世界茶叶总交易量的 3/4，从我国的茶叶消费看，绿茶占总消费量的 2/3。不同的茶类有不同的茶性和不同的风味，这正是苏东坡所说的“从来佳茗似佳人”，春兰秋菊，夏荷冬梅，各有秀色，她们不应当相互排斥。中国的茶叶市场过去是、现在是、将来也必然是一个多种茶类百花齐放，争奇斗艳的市场，而不会是某一种茶类一枝独枝的市场。偏爱普洱茶，

甚至对普洱茶情有独钟，这纯属个人兴趣，原本无错。但是，若把个人的偏爱推而广之，作为普遍规律去宣传则为不妥。茶人要有包容之心。不客气地说，不包容其他茶类，不了解其他茶类，不去品饮其他茶类的人，永远也不会真正理解普洱茶，因为没有比较就没有鉴别。谨此送给茶友们一首苏东坡的诗：

横看成岭侧成峰，远近高低各不同。
不识庐山真面目，只缘身在此山中。

同样的道理，欲识普洱真滋味，不可身陷普洱中。不知茶友们以为然否？

美若仙境的云南，普洱茶的故乡

茶性篇

灵品独标奇，茶性和且正

揭起你的盖头来，
让我看看你的脸
读你千遍也不厌倦，
读你的感觉像诗篇
亮剑2
根据茶性，寻找契合心灵的茶

云南今雨轩供稿

揭起你的盖头来，让我看看你的脸

茶性是由茶树品种、生长地域、茶树树龄、栽培管理、加工技术和储运条件六大要素综合决定的，只讲一点，不计其余的说法是片面的，有意夸大一点而否定其他因素的说法一般都带有商业性目的。

普洱茶的茶性本来就具有几分神秘色彩，现在被一些茶商和“权威”联手炒作，炒得仿佛高深莫测。有的说“普洱茶越陈越香，越陈越贵。”有的说：“我这是真正的野生茶，品质好。”有的推崇生茶贬低熟茶，有的追捧干仓贬低湿仓。林林总总、五花八门的说法让消费者无所适从。其实，普洱茶和其他各种茶类一样，它的茶性也是由品种、地域、树龄、栽培、加工和储运六大因素综合决定的，揭起了这个“盖头”，我们便可以清楚地看到普洱茶的“脸”。

茶树品种

茶树品种是决定普洱茶茶性最基础的因素，优质普洱茶一定是用云南大叶种优良品种茶树的鲜叶或嫩芽为原料加工而成的。其中国家级良种有5种：勐海大叶种、勐库大叶种、凤庆大叶种、云抗10号和云抗14号。还有一些云南省级良种和优质地方群体品种也是普洱茶优质原料的重要来源。上述大叶种茶叶中茶多酚含量高达30.19%～36.13%，咖啡因含量3.56%～4.84%；氨基酸含量1.66%～3.23%，均高于中小叶种。从总体上看也，云南大叶种群体品种与其他茶树品种鲜叶化学成分对比如表1：

表1：茶树鲜叶化学成分对比表

品种名称	水浸出物（%）	茶多酚（%）	儿茶素总量（mg/g）
云南大叶群体	48.75	32.50	179.54
福建福鼎大白茶	46.43	25.03	140.07
广东凤凰水仙	46.01	25.13	145.19
湖南高桥群体	44.13	23.97	138.14

资料来源：《云南茶科所化验资料》

丰富的内容物是生普洱茶香气高锐、口感强劲、滋味浓厚，熟普洱茶陈香浓郁、口感顺滑、滋味醇厚的物质基础。

对于相同品种的茶树而言，树龄高的品质优于树龄低的。因为大叶种茶树属于乔木类，树龄越老主根越深，根系越发达，从深层土壤中吸取的矿物质等营养素越丰富，所以普洱茶和乌龙茶类中的水仙茶一样都是“老树古木出神品”。

当前，一些学者的专著中把“山林普洱茶”和近几十年来在现代化茶园中栽培的“台地普洱茶”说成是不同的品种，他们认为“山林普洱茶”是乔木，“台地普洱茶”是灌木，这种说法是错误的，从品种上看，这两类茶都是乔木，没有本质的区别，只不过为了便于栽培管理，提高产量和劳动生产效率，台地茶是人工矮化了的乔木茶。

曾云荣研究员在介绍国家级良种云抗 14 号

优良品种的云南大叶种茶树

生长地域

云南省不少地方“一山分四季，十里不同天”，茶区更是山峦起伏、溪涧纵横、云蒸霞蔚、雨量充沛，茶园多数分布在 1200 ~ 2000 米的高山上，年平均温度 11℃ ~ 22℃，年均降雨量 1000 ~ 1800 毫升，土壤多为红壤、黄壤、砖红壤，pH 在 4 ~ 6 之间，十分有益于茶树生长。另外，普洱茶产区的茶园多数都远离工业污染和城镇居民生活污染区，山林古茶园林木繁茂，生态极好。现代茶园多数实行樟茶间作，管理也相当科学，所以云南普洱茶的生产比较容易通过严格的有机茶认证。

在众多普洱茶产区中，清代以古六大茶山最为有名，它们分别是：

老茶树上寄生的各种植物

倚邦、易武（曼撒）、攸乐（基诺）、莽枝、蛮砖和革登。因为古六大茶山地处澜沧江以北，所以也称为江北六大茶山。现代普洱茶的生产中心已转移到澜沧江以南，通常称之为江南六大茶山，即景迈山、南糯山、巴达茶山、勐海茶山、勐宋茶山和南峤茶山。

老茶树上寄生的名贵药材“螃蟹脚”

当然，适于栽培普洱茶的地区远非局限于六大茶山，云南省的昆明市、楚雄州、玉溪市、红河州、文山州、普洱市、西双版纳州、大理州、保山市、德宏州、临沧市等 11 个州、市所属的 39 个乡镇都产普洱茶。目前普洱茶界还有一种说法，相同品种的普洱茶在北纬 21° ~ 24° 之间表现最优。其营养物质含量如表 2：

表 2：云南大叶种茶树在不同地理纬度的营养成分表

地理纬度	水浸出物（%）	茶多酚（%）	儿茶素（mg/g）
北纬 21 ~24	47~48	33~36	170~190
其他纬度	41~46	30~33	135~150

资料来源：邵宛芳、沈柏华《云南普洱茶发展简史及其特征》

南糯山生态古茶园

云南普洱茶的主产区西双版纳和思茅均处于北纬 21° ~ 24° ，所以这些地区所产的普洱茶品质特优。

景迈山千年万亩古茶园

栽培管理

普洱茶以乔木型茶树为原料，乔木型茶树在良好的自然环境中可长成20多米高的参天大树，最适合于原生态与林木混植栽培，但是，在现代化茶园中，为了追求高产量，并便于采摘，对茶树都定期修剪，修剪后的茶树虽然看起来不高大，但是其乔木型品种的特征丝毫没有改变。在普洱茶栽培管理中，只要坚持按有机茶的标准或绿色食品茶叶生产管理的标准来管理茶园，无论是山林古茶园，还是现代台地茶园都能生产出优质普洱茶。在栽培管理中严格执行 NY/T5018 以及国家关于茶树种植使用农药的最新标准，其中不滥施化肥，合理施用有机肥是最重要的因素。而在有条件的地方逐步推广 GAP 则是发展的方向。GAP 是良好农业规范（Good Agricultural Practice）的英文缩写，是世界发达国家普遍推广的农作物栽培管理模式。

作者与茶友董碧莲女士（左）曾云荣先生（中）在樟茶间作的现代茶园

加工技术

普洱茶属于后发酵茶类，它的加工工艺包括晒青毛茶的加工以及以晒青毛茶为原料的后发酵陈化两个阶段。

晒青毛茶是云南大叶种茶树的鲜叶经过杀青、揉捻、日光干燥等工艺程序加工而成的，茶叶市场上通常亦称为“生普”。晒青毛茶的采制季节分为三季。不同季节采制的普洱茶茶性亦有差别。最早的称为“明前春尖”或“早春头水”，这一季的茶品质最优。近年来名扬海内外的普洱名茶“金达摩”就是用“早春头水”春尖压制的。其条索紧结油润，饼型圆润饱满，香气纯正持久，滋味甘爽，茶气刚烈。再往后的春茶称为“春中”“春尾”。夏茶也称为雨水茶，品质较差。秋茶称为谷花茶，香气较高，品质比夏茶优。再迟采制的则称为“谷花二水。”

从生普洱到熟普洱的变化过程统称为“后发酵”。后发酵的方式主要有五种。

景迈山的姑娘在采“谷花茶”

一、自然陈化

这是传统普洱的后发酵工艺。过去因为云南的交通极不便利，普洱茶在运输过程中全靠人背骡驮，从产区到销区通常要历时一年半载。到达销区后也常常是积压在仓库中待售。这样没有人为增湿增温，把茶存放在通风的仓库中，任凭生普洱饱经岁月沧

邹炳良先生（左一）在讲解普洱茶渥堆发酵的质量

桑后自然陈化的普洱称为“干仓普洱”。

部分港、台地区的茶商和学者过分追捧“干仓普洱”的说法是片面的。生普洱在干仓自然陈化为熟茶，时间要十余年甚至几十年，在长期的自然存放过程中，仓储的卫生条件千变万化，各种病虫害均可能发生，特别是螨虫、蠹虫造成危害的风险相当大，内部有害微生物亦有可能大量繁殖而使茶霉变，因此“干仓普洱”的品质优劣不一，差别很大，切不可盲目跟风。

二、湿仓催化

即利用升温加湿的办法提高茶仓的温度和湿度，从而加速普洱茶的有菌后发酵，使之加快成熟。这种方法也称为“进仓”“做仓”。用湿仓催化方法生产的普洱，包装纸上常有水渍，因为仓库的温度、湿度提高后，各种微生物均会大量滋生，所以湿仓普洱茶的茶汤色泽黯然无光，常有霉味，口感也很难与优质熟普洱相比。但是，一些不良茶商常常挂羊头卖狗肉，把湿仓催化的普洱包上做旧的包装纸，当作陈年老茶卖。

三、化学催化

即向生普洱茶中喷洒某些化学药剂来加速普洱茶的陈化，这是最不可取的方法。

四、渥堆发酵

这是现代普洱茶生产的主要途径，是普洱茶后发酵动技术的一次质的创新和发展。提到这一工艺，不得不提起现代普洱茶的创始人吴启英、邹炳良等专家。1973 年，他们和省茶叶公司的一些同志到普洱茶的主销区广州去实地考察研究，回来后经过反复科学试验，积累了不同叶质，不同数量的生普洱对湿度、温度、菌群等方面的要求参数，

周红杰教授（图右）讲解普洱茶的生物工程技术

将理论与实践相结合，创造性地发明了“普洱茶湿水渥堆技术”，不仅把普洱茶的后发酵时间缩短到45天左右，而且改善了普洱茶的品饮质量并使质量相对稳定。1974年，吴英所在的昆明茶厂开始用湿水渥堆技术大规模生产熟普洱。在邹炳良先生的主持下，勐海茶厂也大规模生产湿水渥堆发酵的熟普洱。从此，云南省普洱茶产业翻开了灿烂辉煌的崭新一页。刘勤晋教授评价说：“这是勤劳智慧的中国茶人继17世纪发明红茶后，对世界茶业的又一重大贡献。”

“湿水渥堆发酵技术”虽然仍在不断改进和完善之中，但是，它的发明是普洱茶制茶工艺的一次飞跃性进步，任何贬低、否定、诋毁湿水渥堆发酵新工艺的说法都是错误的。

五、现代微生物工程发酵

这是在湿水渥堆发酵基础上的进一步创新发展。

对人类健康而言，微生物可分为有益微生物和有害微生物两大类，有益微生物不仅是人类的良友，甚至是人类生存的基本保障，从粮食到酒，从大豆到酱油，从纯奶到酸奶，以及医药上的青霉素、金霉素等抗菌药物，无一不是有益微生物的功绩。在五粮液酒窖的窖泥中，科学家发现有200多种使五粮液醇香美味的有益微生物。普洱茶独特的陈香陈韵和超群的降脂减肥功能，也都是在后发酵过程中有益微生物作用的结果。随着科学技术的日益进步，湖南农大刘仲华教授、西南农大刘勤晋教授、中国科学院西双版纳热植物园专家张顺高、中国科学院昆明植物研究所杨崇仁教授等有真知远见的一流专家，对普洱茶后发酵过程中的各种微生物都进行了深入的研究。杨崇仁教授提出：

现代普洱茶之父邹炳良先生（图左）

“我们在对不同菌种生物学特性研究的基础上，通过菌种组合，研制‘普洱茶曲’，应用‘普洱茶曲’生产不同风味的普洱茶（我认为还可以生产出具有不同保健功效的普洱茶），同时对普洱茶后发酵生产工艺进行规范，为采用现代食品工程和发酵工程技术生产普洱茶提供支撑。”（《科学技术是普洱茶产业发展的动力》）这才是现代普洱茶生产工艺发展的动力和方向。

储运条件

仓储及运输的卫生条件以及日照、湿度、温度的变化、通风状况等都会对普洱茶的茶性有重大影响。普洱茶出厂之后的品质还会继续变化，这一点经销商和消费者都要高度重视。普洱茶虽然较耐储存，但是在储运过程中必须注意不要接触有异味的物质，要避光储存，并且仓库要有良好的通风条件。大量储存普洱茶时，还要注意经常翻堆并预防虫霉鼠害。

优质普洱茶，无论是生茶，还是熟茶，在良好的储藏条件下，在一定的年限内，岁月积淀的确会使她的品质和内涵均有提升。

“六如”茶艺导师郭粤茗

读你千遍不厌倦，
读你的感觉像诗篇

普洱茶的茶性是通过色、香、味、韵、气五个方面表现出来的，茶色、茶香、茶味、茶韵和茶气相辅相成，从而形成了普洱茶多姿多彩、千娇百媚、变化无穷、令人痴迷的独特风韵。

茶色

普洱茶色包括干茶的色泽、茶汤的色泽及叶底的色泽三个方面。

生普洱的干茶色根据原料老嫩程度、茶树品种以及加工工艺水平有差别。晒青散茶的色泽逢双取样，特级油润芽毫特别多，二级油润显毫，四级黑绿润泽，六级深绿，八级黄绿，十级黄褐。随着存放时间的推移，茶色会逐渐向暗绿、黄红、褐红方向转变。

熟普洱的茶色以褐红且均匀油润者为好，色泽暗黑或花杂有霉斑者较差。

普洱茶的汤色依照陈化度依次为黄绿、淡黄、深黄、黄中透红、红色等。红色又可分为黑红、暗红、褐红、栗红透亮、金黄红亮、深红明亮和艳红晶亮等。深红明亮称为“玛瑙红”，艳红晶亮称为“宝石红”，都是最佳的汤色。

鉴赏普洱茶的汤色最好是选用晶莹剔透的无色玻璃杯，如鸡尾酒杯，向杯中斟入 1/3 杯的茶汤后，举杯齐眉，朝向光亮处，杯口向内倾斜 45°， 这样可以最精确地观察茶汤的色泽。

熟普洱的叶底柔韧，有光泽，有弹性，并呈红褐色为佳。黑色花杂，暗淡无光泽，硬而无弹性或呈腐叶泥状均为劣质茶。

陈香沁心，茶韵醉人——“六如”茶艺导师郭粤茗

茶香

香气是茶叶的灵魂。有一首赞普洱茶的诗曰："滇南佛国产奇茗，香孕禅意可洗心"。香气是普洱茶永恒的魅力。普洱茶的香气很丰富，生普洱香气特点是高雅幽远，熟普洱香气特点是陈香显著且含蓄多变。优质普洱茶的香型主要有荷香、木香、樟香、兰香、枣香、陈香、梅子香等。

鉴赏普洱茶的香气是怡情悦志的一种精神享受。为了更好地闻香，宜选用较大的柱形瓷杯做公道杯。因为瓷质器皿的内壁比玻璃器皿更容易挂香，而且杯的内积大，可聚集更多的茶香。

另外一种鉴赏香气的办法是选用肚大口小的玻璃杯，向杯中斟入1/3普洱茶后，先将鼻子对着杯子口深吸气，静闻茶香。然后不停地摇动杯子，使茶汤在杯中旋转，让茶香充分散发，这时停止摇动，再细细闻香。摇动杯子后，一些在静态下不易挥发的不良气味也会散发出来，所以摇动杯子后再闻香，茶香更饱满，更丰富。五味杂陈，可以更准确地鉴别茶香的优劣。最后，饮尽杯中茶，再闻一闻杯底留香，借以判断香气的持久性和冷香的特征。优质普洱茶的香气纯正细腻、优雅协调，可令人心旷神怡，杯底留香明显而持久。

茶味

茶味靠人的口腔黏膜及舌面的味蕾去感觉。从生理角度讲，基本味觉只有酸、甜、苦、咸四种，其余都是混合味觉，如辣、涩等。现

在有的普洱茶书把茶味讲得很复杂。正如西南大学博士师导师刘勤晋教授在《中国普洱茶之科学读本》中批评的那样：“近日闻‘普洱热’中有的学者以‘香、甜、甘、苦、涩、津、气、陈’八字来概括普洱茶的品质，并称‘无味之味’才是普洱茶的极品，因此普洱茶应是‘茶中之茶’等。”把味与非味搅和在一起，说的人越说越糊涂，听的人自然也就越听越不明白。

其实味是人通过味觉器官感受到的茶的物质属性。普洱茶滋味的化学成分非常复杂。普洱茶的苦味是因为茶中含咖啡因、茶碱、可可碱等生物碱以及花青素等物质。普洱茶的苦涩味是因为含有没食子酸。普洱茶的甜味主要是因为含有可溶性糖，另外，茶红素呈甜醇味；茶氨酸、丙氨酸、丝氨酸呈甜爽味；谷氨酸、天门冬氨酸、谷氨酰胺呈鲜甜带酸味。琥珀酸，苹果酸呈鲜味，游离脂肪酸呈陈味，普洱茶的酸味主要源于果酸、柠檬酸等有机酸；普洱茶之咸味主要源于无机盐和有机盐。普洱茶之美味在于冲泡技巧，科学选择冲泡器皿和宜茶用水，然后控制好投茶量、水温和出汤时间等三大变数，使茶汤中溶解的各种呈味物质达到适合自己口感的最佳比例，做到五味调和。

要想领略普洱茶的美味，在品茶时要应用两种技巧。

其一，品第一口茶时不要急于咽下，应把茶汤含在口中，然后用力间歇式吸气，让茶汤在口腔中滚动并有力地冲激舌面的味蕾和口腔黏膜。味蕾在舌面的分布是不均衡的，不同味道在舌头各部位的阈值范围如下（表 3）：

表 3：味道在舌头各部位的阈值范围（摩尔／升）

味道	舌尖	舌侧	舌根
咸味	0.25	0.24	0.28
酸味	0.01	0.006 ~ 0.007	0.016
甜味	0.49	0.72 ~ 0.76	0.79
苦味	0.00029	0.0002	0.00005

资料来源：《普洱茶热中的思考》刘勤晋著

可见舌尖对甜味最敏感，舌侧对酸味最敏感，舌根对苦味最敏感，舌头的各部位对咸味的感受力差别不大。吸气后借助茶汤的滚动和冲击，我们可以最精确地感受到茶的各种滋味。

其二是“咬茶”，即在品第二口茶时，把茶汤含在嘴中，像含着一朵小花一样，慢慢咀嚼，细细玩味，徐徐体贴之。清代乾隆皇帝在《冬夜煎茶》一诗中说得好：“细啜慢饮心自省”“咀嚼回甘趣逾永”，这是他“咬茶”的经验之谈。“咬茶”可使茶汤与唾液充分融合，并发生化学反应，这样才能更精细地感受到茶汤的醇厚、柔顺、甘鲜、润滑。

茶韵

“韵”是中国古典美学中一个十分重要的概念，原本只是指音律

和谐，后来被引申用来形容诗词或字画“气韵生动”。至于什么是“气韵生动”，则只可意会，无法言传。有的人理解为言有尽而意无穷。有的人理解为令人心灵畅适的一种感觉。茶人在品茶时也讲韵，武夷岩茶有“岩韵”、铁观音有“观音韵”、太平猴魁有“猴韵”、台湾乌龙有“胃韵”　“脉韵”，普洱茶的韵在于茶人通过“五官并用”“六根共识”，用心灵去体贴茶，去感受茶之后，切实体会到“五碗肌骨轻，六碗通仙灵，七碗吃不得也，唯觉两腋习习清风生”，那种飘然欲仙、超凡脱俗的绝妙感受就是“韵”。

可以这么说，如果不讲茶韵，最多只能达到“得味”境界，而永远无法达到艺术品茶的境界，如果不用心灵去感悟普洱茶的茶韵，则永远品悟不出普洱茶的物外高意。

听普洱茶终身成就奖获得者邹炳良先生（图左）讲茶韵

茶气

茶气是普洱茶界颇有争议的一个概念，批评者认为茶气看不见，摸不着，讲不清，讲茶气是故弄玄虚。我认为茶艺、茶道属于东方文化而不属于西方科学。东方文化本身的特点就十分强调朦胧美、幽玄美、空灵美，这些美中包含着玄虚的成分。另外，老子美学是中国古典美学的灵魂，也是茶道美学的源泉，老子美学体系的核心不是“美”，而是“道”—“气”—“象”这三个互相联结的范畴。我们讲普洱茶的茶性，不能只讲物质形态的“象”，而不讲内在无形的美——“气”。

电影《康熙大帝》的总导演林鸿女士曾对我讲过一段有趣的话，她说：“优秀的男人身上应当有‘四气’：有义气的男人，能让女人动心；有才气的男人，能让女人动情；有霸气的男人，能让女人失身；有浩然正气的男人，能让女人甘心为他舍命。”好男人有“四气”，好普洱亦有“四气”。

其一是“香气”。香气是茶的灵魂，是优质茶必备的魅力因素。香气能让人动心。

其二是“生气”。茶人认为茶叶经加工之后，仍然是有生命的。茶的“生气”是茶生机活力的体现，它来自于大自然，是茶叶品种优良、采制适时、加工得法、贮运得当的综合表现。茶的“生气”能使人精神振奋、心旷神怡。

其三是“霸气”。“霸气”是广东茶友形容好普洱茶时常用的赞美词，是以优良大叶种老茶树，即通常所说的山林古茶树的茶菁为原料，精

易武茶山春晓

心加工出来的优质普洱茶所特有的茶气。有“霸气”的茶口感力道强劲，品饮时有一股热力直达丹田，让人五体通泰，如醉如痴。

其四是“太和之气”。这是极品陈年老茶或用现代生物工程加工出来的优质茶的重要标志。“太和之气”能让人物我两忘，达到禅悦的境界。

茶气无色、无形、无味，全凭意念去引导，全靠心灵去感受。你若没有“气”的意念，就永远也找不到气的感觉，也永远无法感受茶气带给人的至美天乐。

对普洱茶艺的不断探索

2 根据茶性，寻找契合心灵的茶

喝茶的目的一是喝出健康，二是喝出好心情。茶有贵贱之分，而无好坏之别。只要符合卫生标准，并适合自己的口味即是好茶。“萝卜白菜，各有所爱”，每一个人都有自己独特的口味嗜好，适合自己的口味，契合自己心灵的茶便是好茶。千万要相信自己的鼻子，相信自己的嘴巴，相信自己的眼睛，别迷信“专家”“权威”编的故事，小心让人“忽悠”了还帮别人数钱。

茶界有一句口头禅：“《易经》、风水、茶，真懂没几家”。当前普洱茶界一些人鼓吹的选茶“金科玉律”，如“年代越久越好”“干仓比渥堆发酵的好”“野生古树茶比人工栽培茶好”等，实际上都是为商家服务而编造出来的。希特勒的宣传部长戈培尔讲“谎言重复一千遍可变成真理”，不幸的是，上述谎言被重复了数万次之后似乎都变成了“真理”。

其实只要我们明白了普洱茶茶性是由六大因素综合决定的，我们就不会只迷信某一个因素。明白了茶性是通过茶香、茶色、茶味、茶韵、茶气五个因素表现出来的，我们就会凭借自身的感觉器官，并用心灵去感悟出这些要素的综合美。

另外给大家讲一个真实的故事。我在武夷山研究茶文化时结识了北京的一位茶友叫田承毅，他也是一个爱茶至深的茶痴，1998 年专程从北京到武夷山来和我论茶。当他得知唐代茶圣陆羽封的天下第一泉谷帘泉在庐山，便对我说："走！林总，带上你的大红袍，明天我们一起到庐山去，用天下第一泉的泉水来泡你的大红袍。"第二天我们风风火火从武夷山赶到庐山脚下的星子县。当时星子县为了发展旅游业正在大兴公路建设，到谷帘泉去的公路正在翻修，汽车进不去。我们一行人步行 8 公里，到谷帘泉打了泉水后，就在农民家里烧水泡茶。走了 8 公里后浑身是汗，口干舌燥，所以那茶有多好喝您一定可以想象到。田承毅先生是有备而来的，品了谷帘泉水冲泡的大红袍后赞不绝口，并且不由分说地吩咐手下人灌了满满两大塑料桶的泉水，让我带回武夷山。

盛情难却，我只好硬着头皮，把泉水提回了武夷山。当晚，我便请了武夷山的几位茶友来品茶。用的是谷帘泉水，冲泡的是大红袍，但是开始时只顾了聊天，没有说明泡茶用的是什么水，直到茶毕，我才想起这水是我不远千里提回来的，不知大家品后感觉如何？我问来品茶的茶友，大家都只是点点头说"不错""不错""不错""不错"，这是应酬时的外交辞令，可以理解为"一般""一般"。天啊！这几位茶友都是武夷山品茶高手中的高手，品了天下第一泉冲泡的大红袍居然没有一丝赞美，我好不甘愿。于是眉头一皱，计上心来，故作神秘地对这几个茶友讲:“明天晚上请大家再来,我一定给你们一个惊喜。”

茶友们都是嗜茶如命的人，听了这话，以为我又从哪儿“忽悠”回了他们没喝过的好茶，第二天果然都如约而至。

这一次我变聪明了。我让公司的茶艺师用红丝绒铺在一个托盘上，托盘中放着一个大玻璃缸，缸中装了八分满的泉水。茶艺师战战兢兢地捧出泉水，那无比珍惜的样子，让每一位客人都觉得她捧的是极贵重的琼浆玉液。茶艺师郑重地向大家介绍说：“这是我们林总特地从庐山谷帘泉打回来的泉水。”听到要用天下第一泉的泉水冲泡大红袍，茶友们顿时来了劲，大家都聚精会神地看着茶艺师烧水、投茶、润茶、冲泡、出汤，只觉得满屋子茶香四溢。茶一到手，茶友们都急不可待

寻找契合心灵的茶，追求禅悦的境界

寻找契合心灵的茶——老班章古茶园

地细细品啜，品了又品，无不叫绝。我这时忍不住大笑起来，对茶友们说："绝个鬼，昨天也是这水，也是这茶，同样是这位茶艺师冲泡，你们喝了之后只说'不错'，今天怎么叫绝啦？"茶友们愕然无言以对。

这说明品茶时营造一种气氛，造出一种声势，能对品饮者的心理感受造成重大影响。这在心理学上叫作"心理暗示"或"情绪诱导"。同样的道理，在买茶时，你一旦去听茶商口若悬河地乱"忽悠"，那你十有八九要被宰了，因为你已被他诱导，已上了他的圈套。

在选购普洱茶时，要做到"四不信"：一不完全相信书本，因为目前普洱茶书中教你选茶的方法比造假技术至少落后了二十年。二不完全相信茶商的介绍，那是王婆卖瓜，谁信谁被宰。三不完全相信年份，我采访过许多云南普洱界的权威，如邹炳良、张顺高、罗明、张仕新、李文华、刘家学、曾云龙等，他们之中没有一个人认为能喝得出普洱茶的年份。四不完全相信包装，什么“同庆”号、“敬昌”号、“可以兴”、红印、绿印、蓝印统统可以在茶市上买到，你要什么，某些茶商就能给你什么。写到这里，读者可能会问，这也不信，那也不信，难道是要我们只相信你？绝对不是。你应当相信自己的味觉，自己的嗅觉，相信自己的口、鼻和眼，只要不受外界的干扰和诱导，用心去品，用心去对比，就一定能选购到契合自己心灵的茶。那种“众里寻她千百度，蓦然回首，那人却在灯火阑珊处”的感觉，那种“踏破铁鞋无觅处，得来全不费功夫”的喜悦，如同在茫茫的人海中找到了自己的另一半，这种喜悦将让你终生难忘。

茶趣篇

茶性通灵能解语，香清甘活自亲人

精致健康的生活方式

心灵沟通的最佳选择

回归自然的生命之旅

理财增值的儒雅手段

亮剑3

品熟茶、养生茶、玩老茶

精致健康的生活方式

普洱茶是一种神秘的气息，是一份幽冥的灵感，是一位济世的高僧，是一曲怡情的乐章。中国人自古以来嗜好品茶，因为茶能澡雪中国人的心灵，它崇尚慈悲、自尊、率真和包容。因为茶里凝聚着中国人的基本人性，它表现为淳朴、中庸、温情、柔韧。茶把泱泱古国的文明和智慧集于一叶，溶于一杯，滋养润泽了世世代代龙的传人。即使在杯底的茶渣中，我们也能找出东方文明的积淀。我爱普洱，因为普洱有真香，茶中有真味，茶人有真情，品茶有真趣。

茶是健康之液，快乐之杯，灵魂之饮。喝茶可以喝出天光云影，令人心旷神怡，可以涤尽浮华烦躁，澡雪心灵风尘。爱茶可以使人快乐每一天，延寿三十年。品茶的真趣首先是品出健康，品出好心情。唐代大诗人白居易善于以茶养生，他写道：

暖床斜卧日曛腰，一觉闲眠百病销。
尽日一餐茶两碗，更无所要到明朝。

白居易自号“别茶人”，在“人活七十古来稀”的唐代，白居易享年 75 岁，称得上是一位长寿诗翁。白居易晚年以茶悟道，茶水洗净了他青年时热心功名，忧患元元之心，回归了一颗清净而超然物外之心，使他乐天知命，所以后人称他为“白乐天”。

112 岁的郑苍松老先生讲茶道养生

宋代大诗人陆游自认为是“茶圣”陆羽的后裔，他总是强调自己“身是江南老桑苎”“前世疑是竟陵翁”。诗中的“老桑苎”和“竟陵翁”都是“茶圣”陆羽的别号。陆游平生与茶相伴，为后人留下了300多首茶诗，为唐宋诗人之冠。到了晚年，陆游爱茶爱到无以复加的地步，80岁高龄时，他在《闲游》一诗中写道：

一见溪山病眼开，青鞋处处蹋苍苔。
平生长物扫除尽，犹带笔床茶灶来。

在临终前三年，陆游还写了一首《八十三岁吟》：

石帆山下白头人，八十三回见早春。
自爱安闲忘寂寞，天将强健报清贫。
枯桐已朽宁求识？敝帚当损却自珍。
桑苎家风君勿笑，他年犹得作茶神。

从这两首诗中可见，晚年的陆游舍弃了各种爱好，但无论走到哪里，茶具都带到哪里。有了茶，他“眼明身健何妨老，饭白茶甘不觉贫”。有了茶，他的生活便充满了乐趣。“红饭青蔬美莫加，邻翁能共一瓯茶”“茶味森森留齿颊，香烟郁郁著图书”“茶映盏毫新乳上，琴横荐石细泉鸣”，这些都是陆游晚年生活的真实写照，陆游用茶颐养身心，过着旷达而健康的生活，享年86岁，后人尊称他为“亘古茶神陆放翁”。

元代著名道士马钰曾写有一词《长思仙·茶》：

一枪茶，二旗茶，休献机心名利家，无眠为作差。
无为茶，自然茶，天赐休心与道家，无眠功行加。

马钰靠品茶来修行，增加了功力道行，后来成了全真教的掌门人，世称“丹阳真人”。

清代乾隆皇帝以文治武功彪炳青史。他以茶休闲，使自己精力充沛过人，日理万机而不知疲倦。他以茶养生，使自己勤政 60 年，享年 88 岁，成为中国历史上的寿魁君王。乾隆为后人留下了数十首茶诗，例如《题竹炉山房》：

其一

每到玉泉所必临，为他山水萃清音。
最佳处欲略延坐，火候茶香细酌斟。

其二

每至山房必煮茶，筠炉瓷碗称清嘉。
春云偏凑蒙蒙润，比似九龙定不差。

其三

日日烹煎原玉泉，竹炉就近特清鲜。

听松庵忽生遐忆，别我春风又五年。

从这些诗中可见，乾隆不仅爱茶至深，日日品饮，而且深得以茶养生之乐趣。我们喜爱普洱，首先应当学习古今茶人，将品饮普洱茶发展为一种精致健康、富有诗意的生活方式。

精致健康时尚诗意的生活新方式——“六如”茶天使李梦梦

心灵沟通的最佳选择

人生是漫长、遥远的生命旅程，在人生的长途跋涉过程中，无论是在漫漫长夜，还是在红尘闹市，人们都常感到内心的寂寞和灵魂的孤独，因此，人人都渴望有知音相伴，人人都在寻求心与心的沟通。品茶自古以来就是沟通心灵的最佳选择。

泛花邀坐客，代饮引清言。（陆修士）
流华净肌骨，疏瀹涤心源。（颜真卿）
素瓷传静夜，芳气满闲轩。（士　修）

唐代大政治家、大书法家颜真卿以茶会友，与茶友们月夜啜茶联句，成为千古美谈。

唐代著名诗僧皎然和尚春夜到陆羽茅屋品茗赏月后写了《玩月》诗：

欲赏芳菲不待晨，忘情人访有情人。
西林岂是无清景，只为忘情不记春。

皎然与陆羽因茶结缘，成为生相知、死相随的缁素忘年交，成为后代茶人的楷模。

宋代诗人杜小山的《寒夜》：

寒夜客来茶当酒，竹炉汤沸火初红。
寻常一样窗前月，为有梅花便不同。

笔者在赵州柏林禅寺讲以茶沟通心灵，生活在包容的世界里

带着茶香融入自然——“六如”茶天使王娟

宋代李石的《诸友惜别》：

一舟海角到天涯，春信江南梅欲花。
莫道别时无酒语，与君剪烛夜烹茶。

清代郑板桥的《题画》：

不风不雨正晴和，翠竹亭亭好节柯。
最爱晚凉佳客至，一壶新茗泡松萝。

以上诗词都是茶人以茶会友沟通心灵的绝妙写照。品茗之所以是心灵沟通的最佳选择，这是因为以茶会友贵在“真”。“真”是道家

滇红故里

的哲学范畴。庄子讲："真者，精诚之至也。不精不诚，不能动人。"真是茶道的起点，同时也是茶道的终极追求。中国茶人以茶沟通心灵时所追求的物之真、情之真、性之真、道之真，即在茶事活动中，茶友们都以淡泊的襟怀、旷达的心胸、超逸的性情和闲适的心态去品悟茶味，交流思想，互见真心，最终契悟茶道精神，成为志同道合的挚友。

现在，以茶沟通心灵已超越了地域和信仰范畴而发展到世界各地。民间流传着一种说法："上天把世间的财产都分配给了私人，只留下茶没有分，因为茶是应当大众共享的。"2002 年在马来西亚举行的第七届国际茶文化节上，马哈迪尔首相说："如果有什么东西可以促进人与人之间的关系的话，那便是茶，茶味香馥，意境悠远，象征中庸和平。在今天这个文明与文明互动的世界里，人类需要对话和交流，茶是最好的中介。"

对于以茶为中介来会友，方毅先生的一副对联总结得最妙：

美酒千杯难成知己，

清茶一盏也能醉人。

回归自然的生命之旅

融入自然，天人合一——“六如”茶天使纪宏婷

从有生命的那一天开始，所有的生物都表现出一种生命的本能，那就是回归大自然，回归母亲的怀抱。现代人在忙忙碌碌中，在蝇営狗苟中，世俗的红尘可能会遮蔽你的天性，但你内心的深处一定还潜藏着回归自然的强烈冲动，这种冲动的满足，即是体验生命本真的快乐与幸福。

品茶是回归自然的生命之旅。关于在大自然中品茶，灵一和尚写有《与元居士青山潭饮茶》：

野泉烟火白云间，坐饮香茶爱此山。

岩下维舟不忍去，青溪流水暮潺潺。

诗人钱起写有《与赵莒茶宴》：

竹下忘言对紫茶，全胜羽客醉流霞。
尘心洗尽兴难尽，一树蝉声片影斜。

唐代丞相李德裕在大自然中品茶后写下了脍炙人口的《忆茗芽》：

谷中春日暖，渐忆掇茶英。
欲及清明火，能销醉客醒。

笔者（左）与茶友在原始大森林中喝竹筒茶、吃烤肉

笔者（右）在藏民家中打酥油茶

松花飘鼎泛，兰气入瓯轻。
饮罢闲无事，扪萝溪上行。

诗中生动地再现了李德裕这个老夫子回归大自然之后，欢天喜地、童心勃发的情景。

最妙的是苏东坡《惠山谒钱道人享小龙团登绝顶望太湖》一诗，诗云：

踏遍江南南岸山，逢山未免更流连。
独携天上小团月，来试人间第二泉。
石路萦回九龙脊，水光翻动五湖天。
孙登无语空归去，半岭松声万壑传。

从诗中我们可超越时空，真切地看到苏东坡在大自然中烹小龙团，品啜奇茗，心驰宏宇，神交自然时那种酣畅淋漓的快乐和旷达洒脱的自在。

大自然是美的，对于现代茶人而言，大自然之美有五种类型，有“鸟声低唱禅林雨，茶烟轻扬落花风”“曲径通幽处，禅房花木深”佛门寺院的幽寂美；有“云缥缈，石峥嵘，晚风清，断霞明”那种道家洞天的幽玄美；有“九曲溪山绕翠烟”“风吹翠竹月光华”式的大自然的幽野美；也有“远眺城池山色里，俯聆弦管水声中”“幽篁映沼新

哈尼族姑娘在野外烧竹筒茶（厉志供稿）

抽翠，芳槿低檐欲吐红”都市园林的幽静美；亦有“蝴蝶双双入菜花，日长无客到田家，黄土筑墙茅盖屋，门前一树紫荆花”那种幽清的、充满田园牧歌情调的农家之美。

普洱茶是生命之茶，是大自然惠赐给人类的瑰宝，它从远古的神话中走来，能把我们带到神奇的世界去，它是人与大自然的共同杰作，能为我们开启与大自然相通的心灵之门。如果只捧着几饼谁也说不清真假的“老茶”说事，只是关起门来品年份，品包装，你永远也感受不到品茶的真趣。只有带着普洱，踏上回归大自然之旅，在大自然中去感受生命的律动，去体会生命的无邪，去实现美的追求、美的观照、美的熏陶，并用美学的眼光在认识茶的同时认识自己，我们才能从社会强加给自己的理性冷漠中解放出来，从自己的功利心中解放出来，让自己永远用率真和童趣的心灵去体验生活，去解读普洱，这样我们才能读出普洱茶的真趣，才能成为“茶仙”。

理财增值的儒雅手段

是人，就不能不食人间烟火。“君子爱财，取之有道”古圣贤也如是说。用普洱茶理财增值的确是一种儒雅的生财之道，不过这是有条件的。

其一，所选购的茶必须符合卫生标准。普洱茶增值要经过长期存放。10 年、20 年之后，随着人们生活水平的提高和科学技术的进步，那时候的人对食品卫生一定有更严格的标准，并且有更先进的检测手段。试想一下，你购进的普洱茶如果按目前的标准对照农药残留量超标，铅、汞、铬等对人体有害的重金属超标，有害微生物超标，那么再存放上 10 年、20 年之后，谁还敢要你的茶？你自己敢不敢喝这种茶？

其二，所购的茶必须是以优质的大叶种茶晒青毛茶为原料加工的生茶或熟茶，因为只有这样的茶在科学的贮藏过程中品质才会不断优化。只有品质越来越好，才会越来越值钱。马来西亚国际茶文化协会董事长林福南先生说得好：“我赞同一个观点，就是先从品质开始，年份不能抵消掉品质的重要性。”“如果一开始就不是好茶，放500年也没有意思。”“今雨轩”的主人董碧莲女士讲得更具体，她说：“普洱茶能否增值要看茶说茶，而不能搞唯年份论。看茶说茶即一看茶菁的品质，二看加工工艺，三看储存的条件。这三个方面有一项达不到标准都不行。垃圾放一百年还是垃圾，千万别买别存垃圾茶。”

其三，储存的环境要卫生，要避光，要预防病虫鼠害，要防止窜味和霉变，要适当通风并保持一定的温、湿度。

另外，普洱茶越陈越香，越存越值钱是有时间限制的，不是无限期的。在收藏过程中要注意经常观察茶性的变化，该出手时就出手。对于初涉普洱行业的人来讲，更应当有进有出，勤进勤出，在进进出出中锻炼自己的选茶眼光，提高自己对普洱茶的品鉴水平并获得经验和乐趣。

“金达摩”生饼6年增值36倍

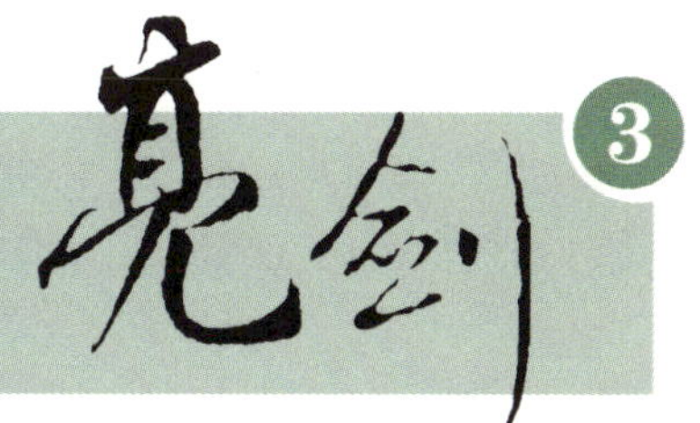

品熟茶、养生茶、玩老茶

品熟茶，感悟时间的重量

台湾有位作家把茶普洱茶趣归纳为：“品老茶，喝熟茶，藏生茶。”这样归纳简洁易记，但对于其内涵，本人却实难苟同。我认为爱普洱的茶人应当是“品熟茶，养生茶，玩老茶。”这两种提法在每一个环节都只有一字之差，但正是这一字之差反映出本质的不同。

首先是“喝熟茶”与“品熟茶”不同。喝者饮也，解渴而已，那只是人的生理需要。而“品”则是不同。从浅处讲，“品”是评鉴，是区别。从深处讲，“品”是茶人对茶的徐徐体贴，是茶人对茶性的细心感悟，是人茶合一的过程。熟茶中不仅有历史的印记，有时间的重量，而且有制茶工艺和科学技术的含量，有制茶人的心血，有厂家的信誉，怎可以用一个“喝”字概括！

其次“藏生茶”与“养生茶”不同。“藏”者，收存之意；“养”者，哺育、爱抚、栽培之意。“藏生茶”即收存生普洱，它不带有感情色彩而带有浓厚的功利之心。“养生茶”则要投入真情，付出心血，像养花、养草、养宠物、养紫砂壶一样，把茶视为有生命的灵物，时时加以精心的关爱和百般的呵护。俗话说得好：“自家养的孩子，自己疼、自己爱。”通过养茶，你一定会更加了解茶，更加爱茶。

养茶之说古已有之。宋代大文学家欧阳修《归田录》卷一云：“自景佑以后，洪州双井白芽渐盛，近岁制作尤精，囊以红纱，不过一二两，以常茶十数斤养之，用避暑湿之气。”用十多斤普通的茶来养一二两双

物我两忘——“六如”茶天使彭静

井白茶，使之不受暑热湿气的影响，这种养茶法代价相当高。

我们所养的生普洱倒没有这么娇贵，养生茶实际上是非常有趣的生活体验。在自己的精心照料下，生普洱的青涩味日渐消退，而陈香陈韵日渐丰富，你好像看到自己的孩子在成长，在成熟。在养茶的过程中，每隔一段时间可取出一些来试品，这样能加深你对生茶熟化过程的真切体会。每一次试品，你都一定感觉到茶那色、香、味、滋、韵、气都似曾相识，但又变化无穷。变化是一种美，她能令你永远觉得新鲜并产生无穷遐想。似曾相识是一种更人性化的美。宋代诗人黄庭坚在《品令·茶词》中写道："恰如灯下故人，万里归来对影。口不能言，心下快活自省。"这恰似品饮自己所养的生普洱茶时，那种妙不可言的感受。

茶禅一味——"六如"茶天使覃晓兰

其三是“玩老茶”与“品老茶”不同。

老茶一般是指陈化了 30 年以上的普洱茶。老茶自然可以品，并且很耐品，我之所以不说品老茶而强调玩老茶，首先是因为老茶太贵，动辄上万元甚至几十万元，这种茶一般茶人品不起，多半是玩家的事。其次是当下茶叶市场和古董地摊一样，真家伙太少，相反假货比比皆是，你要玩老茶不仅在经济上要玩得起，而且在心态上也要玩得起。就算花大价钱买了个“李鬼”，你也要能做到很有风度地潇洒一笑了之。

最后，真正的老普洱本身就是古玩珍品，你要真爱她，就应当好好地欣赏她，玩味她。《辞海》对玩味的解释是：“朱熹学习《孟子》时，诵《孟子》三二十遍，熟，复玩味讫。”只有这样的态度才不失为一个“玩”字。但是要切记一点：不可玩物丧志。

我倡导“品熟茶、养生茶、玩老茶”，不知行家们以为否？

茶艺篇

问世间茶为何物，直叫人生死相许

万紫千红总是春（云南省首届普洱茶国际博览会上评选出的形象大使）

茶怡情，诗言志——“六如”茶天使陈丽文

古往今来，有不少名士爱茶爱到了“衣带渐宽终不悔，为伊消得人憔悴”的地步。欧阳修说“吾年向老世味薄，所好未衰惟饮茶。”曾巩说“一杯永日醒双眼，草木英华信有神。” 吕陶说“洗涤肺肝时一啜，恐如云露得超仙。” 白居易把茶视为“穷通行止常相伴”，终生不弃不离的良友。陆游称自己是“水品茶经常在手”的茶神。对于品茶而言，达官显贵认为“品茶事自属高闲”“山庄韵事真无过”（清·乾隆）。他们视品茶为“偷得浮生半日闲”的生活乐事。佛门高僧认为品茶是“一饮涤昏寐，情思朗爽满天地。再饮清我神，忽如飞雨洒轻尘。三饮便得道，何须苦心破烦恼。”（唐·皎然和尚）他们视品茶为参禅悟道的重要途径。羽士真人则认为品茶可以“清风两腋归何处，直上三山看海霞。”（元·卢琦）他们视品茶为修身养性，羽化成仙的不二法门。总之，在我国，品茶是道心文趣兼备、雅俗共赏的人生乐事，是一门生活的艺术，这门艺术后来被称为茶艺。

茶艺是在茶道理论指导下的茶事实践，它包括艺茶的技能、品茶的艺术以及茶人在茶事过程中，以茶为媒体去沟通自然，内省自性，完善自我的心理体验。

中国现代茶艺按其表现形式来分类，可分为舞台表演型茶艺、生活待客型茶艺、企业营销型茶艺和修身养性型茶艺四大类。按照茶艺所表现的内容，以表演者为主体进行分类可分为民俗茶艺、宫廷茶艺、文士茶艺和宗教茶艺四类。若按照所用的茶来分类，可分为绿茶茶艺、

点点滴滴总关情——
“六如”茶天使张亚维

茶虽无言最动人——米兰世博会中国大学生茶艺团杨瑞

花茶茶艺（含白茶、黄茶，因这几种茶的茶性极相似）、红茶茶艺、乌龙茶茶艺和普洱茶茶艺等。

花茶是诗。诗言志。花茶引花香增茶味，使花香茶韵融为一体，珠联璧合，相得益彰，反映出茶人的包容之心。诗讲韵。花茶用鲜花、干花、绿叶、佳果与茶相配，追求时尚，唯美是求，反映出茶人与时俱进的审美心态。

绿茶是词。词明心。绿茶汤色清亮剔透，澈然湛然，如一方碧玉悬于心畔，芳心尘心，一目了然，冰心玉壶，无限情趣。词可歌。一盏清茶、一瓣心香、一种恬淡，吟唱着洗净红尘后的快意，吟唱着生命的精彩。

红茶是剧，剧表人生，或追寻童年的梦想，或演绎人生的浪漫——“六如”茶天使李米红

工夫茶是散文。散文在神，在韵，在内涵，它深刻隽永。工夫茶的功夫在文外，在茶外，也在心外。散文神游天下，终归一理。工夫茶茶艺占尽阴阳，起于四合，散于八荒，有高山流水，有春风拂面，有祥龙行雨，有凤凰点头……把茶道即人道的深刻哲理，用一壶苦茶演绎得淋漓尽致。

红茶是剧。剧表人生，或追寻童年的梦想，或演绎人生的浪漫。剧情求变，红茶茶艺变化万端，机关迭出，高潮迭起。清饮如挚友谈心，混饮献浪漫情愫。茶汤时晕红，如贵妃醉酒；时色艳，如少女芳唇；时黄亮，如徐娘之貌。悬壶高冲，如春潮带雨晚来急，使剧情突兀；敬奉香茗，红茶荡漾水晶杯，如情迷春江花月夜，享尽人生风流。

普洱茶是经。经言禅机，求四大皆空，求天人合一，求道法自然。经度迷津，悟岁月沧桑，品人生百味，达圆通妙觉。是生茶、是熟茶？其实无生无熟，亦生亦熟。是野茶，是家茶？其实野茶即家茶，家茶即野茶。万物皆有佛性，普洱茶最能昭示佛理。有人说“趣言能适意，茶品可清心。”我说颠倒过来“心清可品茶，意适能言趣。”其实是一个道理。品普洱茶使人大彻大悟，“茶禅一味，甘苦一味，味味一味，醍醐法味”。悟得这个道理，即知何为普洱茶艺，妙哉！妙哉！

普洱茶是经。经言禅机，求四大皆空，求天人合一，求道法自然——“六如”茶艺导师郭粤茗

普洱茶的茶具组合

器为茶之父

“水是茶之母，壶是茶之父。”学习普洱茶茶艺首先要懂得择水，除了亲自汲取当地的泉水之外，有些品牌的矿泉水、纯净水等也都是普洱茶的最佳伴侣。其次，还要懂得选配茶具。我国自古有“美食不如美器”的说法，足见器皿对饮食的重要性。茶艺是一种唯美是求的生活艺术，选配茶具也就尤为重要。

选配茶具有三大原则：

其一是顺茶性。即所选择的茶具要有利于茶性的抒发，要能泡出茶的最佳品质。

其二是示茶美。即有助展示茶的色、香、味、形之美，并有助于表达茶艺所需表达的思想内容。例如宫廷茶艺的茶具应华贵，宗教茶艺的茶具应古朴，民俗茶艺的茶具应有民族特色和地方特色，文士茶艺的茶具要典雅。

其三是方便简洁。陆羽在《茶经》中就强调过“茶性简，为饮，最宜精行简德之人。”所以茶具的选配宜简不宜繁，以方便实用为本。

以下介绍几组林治茶文化工作室的普洱茶茶具组合供读者参考。

紫砂壶、瓷质公道杯、过滤器、玻璃品茗杯组合

本组合的优点：紫砂壶是中国陶瓷艺术中的奇葩，在紫砂壶上凝聚着厚重的文化内容，体现了中国传统文化和民族艺术的精髓，折射出中国古典美学崇尚自然的艺术灵光。它“圆非一式，方不一相”，造型变化无穷，有的圆肥墩厚，有的纤娇秀丽，有的拙纳含蓄，有的灵巧妩媚，有的古朴典雅，有的时尚宜人。紫砂壶在千变万化中，既保留有泥土的质朴天性，让人发怀古之悠思，又体现着生产时代的文化背景，让人回味无穷。紫砂壶泡普洱茶，不夺真香，不伤本味，且壶感温润而不烫手，使用方便，把玩舒适。瓷质公道杯呈圆柱形，陶瓷内壁挂香、留香性能较好，这样的公道杯最能聚香，最便于闻香。玻璃品茗杯小巧玲珑，晶莹剔透，便于鉴赏汤色。以古朴的紫砂壶配时尚的玻璃杯，无论是质感、造型，还是色泽都形成了强烈的对比，这正体现了茶道美学所强调的“不均齐美”。

三才杯、过滤器、玻璃公道杯、白瓷品茗杯组合

本组合的优点：三才杯使用方便，能直观地看到每一次冲泡后普洱茶在杯内的舒展变化。玻璃公道杯肚大口小，聚香性能好并且无色透明，便于鉴赏茶的汤色。白瓷品茗杯也能很好地映衬出普洱茶的汤色，并且瓷质器皿比玻璃器皿更容易挂香，便于品完茶后再细细把玩杯底留香。另外三才杯的口大，敞开时散热性好，不易闷坏了茶，最宜用来冲泡细嫩的生普洱。

普洱茶茶具组合（一）

普洱茶茶具组合（二）

普洱茶茶具组合（三）

玻璃同心杯、过滤器、小瓷壶、大肚小口的红酒杯组合

本组合的优点：玻璃同心杯造型美观，晶莹剔透，在冲入开水后即可直接观察杯中汤色的变化，并根据汤色来把握出汤时间，使用十分方便。

这种组合不用公道杯，而用小瓷壶储存茶汤。小瓷壶是这一组合的亮点，如何选择这把小瓷壶则反映出主人的审美情趣。红酒杯肚大口小，有利于聚香。用这种茶具闻香最好分三次闻，首先在静态下闻香，这时闻到的是最容易挥发的香气成分，然后不停地晃动杯子，让茶汤在杯中做圆周旋转，使茶汤中不易挥发的气味都挥发出来，停止转动后，再次闻香，这时闻到的是茶汤的综合气味，其中可能包含一些在静态下不易挥发的不良气味，这样能比较精确地判断茶香的优劣。最后饮尽茶汤再闻杯底留香，主要是判断香气的持久性，同时享受冷香带来的禅悦。

用红酒杯品普洱茶还有一个好处是便于鉴赏汤色。鉴赏汤色时应在杯中斟入 1/3 杯茶汤，举杯齐眉，朝向光亮处，杯口向内倾斜 45°后观察，这样可以最精确地鉴别汤色质量。

这种组合也可以不用小瓷壶，由同心杯向玻璃杯直接注入茶汤，这样茶汤的温度较高，适宜于爱喝热茶的人。

小火炉、紫砂壶、
玻璃公道杯、陶瓷小碗组合

本组合的优点：这是一组普洱煮饮法的器皿组合，把茶投入紫砂壶后放在酒精炉（或炭炉）上煎，热气氤氲，茶香四溢，炉内明火，壶响松风，很有古风雅韵，能让人发怀古之幽思。煮饮法特别适用于冬季，也特别适用于高原水沸时水温达不到 90℃以上的地区。

玻璃公道杯晶莹、明亮，陶瓷小碗质朴古雅，可与小炉煮茶相映成趣。

普洱茶煮饮法茶具组合（陶瓷小火炉）

普洱茶煮饮法茶具组合（玻璃小火炉）

从用心到无心——“六如”茶天使殷子清

生普洱的冲泡技巧

生普洱茶的茶性初期时与晒青绿茶相似，后期逐步向熟茶转化，故可借鉴工夫绿茶冲泡方法来冲泡生普洱。

林治茶文化工作室日常待客型泡法有 6 道程序：

1. 温杯烫盏：即当着客人的面再烫洗一次本来就洁净的茶具。一是表示对客人的尊重，二是为了提高器皿的温度，使茶香更易散发。三是通过细腻的洗杯过程，使宾主双方的心都静下来，为品茶做好心理准备。

2. 鉴赏干茶：即传看所冲泡的茶，这时要注意介绍这泡茶的产地、厂家及茶的文化内涵和茶性特点，进一步提升客人的品茗兴趣，切忌泡“哑巴茶”。

3. 投茶入瓯：根据茶性和客人的人数适量投茶。用大号盖碗一般投茶 7 ~ 10 克，用中号盖碗一般投茶 5 ~ 7 克。

4. 沸水开香：即向杯内冲入 100℃沸水并摇动几下，浸润数秒即向公道杯中倾出头泡茶汤。这道茶一般不喝，在公道杯中静置一会儿后即可用于烫杯，然后请客人传着公道杯闻杯底留香。在 100℃沸水的冲泡下，茶香能充分散发，所以这道程序也称为“高温逼香”。

5. 降温冲水：生普洱茶茶多酚（茶单宁）含量高。高温开香后，第二泡若再用 100℃沸水冲泡，茶汤的香气虽浓，但滋味较苦涩。为了能喝到鲜爽甘醇的茶汤，第二泡应降温后再冲水。降温的方法有三种。方法之一是高悬壶，细吊水，即拉高开水壶与杯的距离，控制水流，使水流细而不断，让开水通过较长的流程来自动降温。第二泡的水温宜控制在 85℃左右，这样茶汤的口感最佳。方法之二是利用杯盖内壁

郭粤茗女士冲泡金达摩 25 泡有余香

散热降温。即冲水时不直接冲入茶杯，而是先冲在杯盖内壁，使水流散开后再落入杯中。 方法之三是事先把开水壶提离热源，待水温降到85℃左右再冲泡。

6. 斟茶奉茶：即将冲泡好的茶汤敬奉给客人。优质生普洱可冲泡20 ~ 30 泡。六如轩经理郭粤明女士是国家级评茶师，她冲泡的“金达摩”，泡到 25 泡时仍然香气醉人，茶味醇爽，令人叹为观止。

读你千遍不厌倦，读你的感觉像诗篇——“六如”茶天使李梦梦

调出神韵，品味历史——米兰世博会中国大学生茶艺团汪瑛琦

熟普洱的冲泡技巧

熟普洱的茶性因茶树品种、产地、后熟工艺、存放条件、存放年代的不同而有较大的差异，所以熟普洱是最讲究冲泡技巧的茶类，没有扎实的基本功和丰富的实践经验是泡不好熟普洱的。

熟普洱经过渥堆发酵及长年存放，茶的内部可能会有大量微生物滋生繁衍，也可能会受到一些污染，冲泡熟普洱一般要先用沸腾的开水洗两次茶，一方面是为确保卫生，另一方面是为洗去可能吸附的异味，使茶汤更加纯正可口。

优质熟普洱的香型有淡荷香、青樟香、野樟香、淡樟香、陈香、兰香等。其中，兰香、荷香清雅鲜灵，比较含蓄；青樟香高锐鲜爽，充满青春活力；野樟香浓郁强烈，有成熟、丰腴之美；陈香、淡樟香，飘逸脱俗，禅意绵绵，引人遐想。为了能充分享受美妙而多变的茶香，

杯中茶冷已无烟，陈茶滋味妙难言。岁月沧桑多少事，一啜尽在胸臆间

在冲泡时应用滚沸的开水悬壶冲泡，快速出汤，低巡斟茶，以免茶香散失。

在冲泡和品饮熟茶时，还要特别注意茶气和水性的变化。茶气看不见，摸不着，讲不清，只有静心去感受。为了能感受到普洱茶的茶气，我们提倡熟普洱最宜温品、静品。温品是指茶汤不宜太热，也不宜太冷。如果太热，则热气盖过茶气，喝得满身大汗，根本无心去感受茶气。如果茶汤太冷，茶气已荡然无存，冷冰冰的茶水喝到口中唯觉凉爽，无论如何也找不到飘然欲仙的感觉。静品也很重要。中国气功讲“以意行气”，品普洱也是这样。可以说，你如果静不下心，或心中没有气的意念，你永远也找不到气的感觉。有经验的普洱爱好者，在静心品饮温热宜人的普洱后，很快会感受到一股热气在胃中鼓荡，接着毛孔由内而外舒张，全身微微出汗。这时你可用意念引导茶气在经络中运行，心中想象着自己体内茶气正在与宇宙真气交流。你抱着这种心态并继续从容不迫地喝茶，几杯下肚后一定能体会到卢仝在《茶歌》中描写的那样“五碗肌骨清，六碗通仙灵。七碗吃不得也，唯觉两腋习习清风生”的品茶最佳意境，这种身在凡尘，但是好像要羽化升天、似仙非仙、飘然欲仙的感觉，真是绝妙极了。

冰岛古树

待客型普洱茶茶艺

神游古今——“六如”茶天使林晓

待客型茶艺也可称为生活型茶艺。它要求冲泡者以主人的心态，用待客的至诚，大方而自然地按照设计好的程序为客人泡好一壶茶。在泡茶的过程中，要边冲泡边讲解，客人可以插话提问，宾主相互沟通，相互配合，亲密无间地同品一壶茶。这里介绍的是经过改编的刘秋萍煮茶法，共十道程序：

（1）赏茶——喜闻陈香

普洱茶在开泡之前应先干闻茶香，以陈香明显者优，有霉味异味者为下品。赏茶后将茶荷里的普洱茶倒进煮茶用的同心壶中。

（2）烧水——活火烹泉

冲泡普洱茶要用100℃的开水，在烧水时应急火快攻。今天我们使用电随手泡烧煮“农夫山泉”。

（3）洗茶——洗尽沧桑

陈年普洱是生普洱在干仓中经过多年陈化而成，在冲泡时，头一道茶一般不喝。将开水冲入同心壶中，洗一遍茶，称之为洗尽沧桑。

（4）煮茶——调出陈韵

在洗尽沧桑之后，再向同心壶中冲入开水，同心壶下点燃了酒精灯，开水入壶后很快便沸腾，头一沸一开即止，以此来烹出普洱茶独特的滋气和陈韵。

（5）斟茶——平分秋色

茶友间不厚此薄彼，斟茶时每杯要浓淡一致，多少均等。若没有把握用煮茶的壶直接斟入各杯，可将茶汤先倒入公道杯中，然后再用公道杯斟茶。

（6）目品——瞬间烟云

即观赏杯中普洱茶表面飘浮着的一层云雾，普洱茶茶汤艳红亮丽，表面一层淡淡的薄雾乳白朦胧，令人浮想联翩。

（7）鼻品——时光倒流

普洱茶的香气随着冲泡的次数在不断变化，细闻茶香的变化，茶

时光倒流——“六如”茶天使乔以琳

香会把你带回到逝去的岁月，让你感悟到人世间沧海桑田的变幻。

（8）口品——品味历史

让普洱茶的陈香、陈韵和茶气、茶滋在口中慢慢弥散，你一定能品出历史的厚重，感悟到“逝者如斯”。

（9）回味——神游古今

品茶后，涤除玄鉴，心斋坐忘，让你仿佛听到历史老人在诉说着什么。

（10）谢茶——见好就收

优质陈年普洱只要烹煮得法，可煮30道以上，并且每一道茶的茶香、滋气、水性均各有特点，让人品时爱不释手。这正是“荆棘丛中下脚易，明月窗前回头难。”当茶还热、香还浓、口中回甘正爽的时候，你能见好就收吗？

专家型企业家陈升河冲泡普洱茶

表演型普洱茶茶艺

全国茶艺大赛冠军刘莳博士

云南不仅是茶树的原产地，而且是茶艺的百花园，目前普洱茶表演型的茶艺可分为原生态茶艺和现代茶艺两种类型。云南有 25 个少数民族，他们至今仍传承着古老的饮茶习俗，云南的海可导先生等人将这些藏于深山人未识的珍贵文化遗产挖掘，整理出一套《古滇茶韵》，这套原生态茶艺将云南的少数民族茶文化与民族音乐文化，地方民俗文化和诗词书法文化等有机地融合在一起，堪称原生态茶艺中的一朵奇葩。

另一种类型即现代表演型茶艺，它是以现代人的眼光来诠释传统茶艺，用现代器皿和美学元素来演绎传统茶艺。这里介绍的云南昆明“今雨轩”茶艺馆创编的《普洱岁月》，即现代普洱茶艺百花园中的一朵小花。

茶具组合

根据这套茶艺表演的需要，要选用三套不同的茶具。

1. 冲泡晒青毛茶：木炭炉、陶质烧水壶一套、竹制茶道具一套，仿宋汝窑大碗一个，汤匙一把，黑陶水盂一个，黑陶茶盏（连托盘）三套。

2. 冲泡陈年干仓普洱茶：木炭炉、陶质烧水壶一套，水盂一个，精美三才杯一套，茶道具一套，储茶杯一个，粗陶茶荷一个。

3. 冲泡人工渥堆熟普洱茶：木炭炉、陶质烧水壶一套，黑陶茶具一套，竹制茶具一套。

基本程序

1. 质朴：冲泡普洱晒青毛茶。

2. 灵秀：冲泡陈年干仓普洱茶。

3. 苍拙：冲泡渥堆发酵的熟普洱茶。

解说词

"云南景外景，民风古朴传万里；普洱茶中茶，饮情依旧留千年。"

普洱茶是神奇的茶，是诱人的茶。为庆贺云南普洱茶地方标准的颁布，云南省昆明市"今雨轩"的刘特创作了这套普洱茶茶艺——普洱岁月。为了让茶友们能比较全面的领略到普洱茶这位“百变佳人”的多彩风韵，我们采用三种不同的方法来冲泡三种不同的普洱茶。

生普洱茶冲泡后的叶底（今雨轩供稿）

一、质 朴

这是展示普洱茶原料（生普洱）——用云南大叶乔木型茶树芽稍加工的晒青毛茶。它，来自崇山峻岭，经历了马背蹉跎，从茶农的火塘边走来；它，苦涩中散发着幽幽兰香，向你诉说着自己对生活的理解；它，回甘里洋溢着原始森林中野性阳刚之美。其冲泡技艺质朴自然。其茶汤口感劲烈，劲烈得像西双版纳的春色，能激活每一个生命细胞，让枯枝也能萌发新芽。

灵 秀（今雨轩供稿）

二、灵 秀

而我，将为您展示干仓自然陈化的陈年普洱。它，从嗜茶名士的墨香中走来；它从皇室宫闱的尊崇中走来；昔日王谢堂前燕，如今终于飞到咱们百姓家。岁月的磨砺，使它变得圆润、平和，经历了沧桑，它却依旧是那么自然、灵秀。我不知道在它的生命中积淀了多少风霜寒暑。但是，透过它成熟、丰腴、浓酽的茶汤，我感觉到了它永远是那么新鲜，那么年轻。它那超然脱俗的茶香，会把我们诱入禅境，让我们品悟到淡然无极之美。

三、苍 拙

再次为您烹煮的是经过人工快速发酵的普洱陈茶。如今的社会，人们不再是“日出而作，日落而息”，时间的脚步变得更加匆忙，过去几十年才能完成的陈化过程，现在几十天内即可完成。我和干仓陈化的普洱一样古貌苍颜，在我这里你们虽然听不到来自茶马古道那些令人痴迷的故事，但是却能听到时代脉搏的跳动之声。

陈年普洱冲泡出来的晶红汤色

苍 拙（今雨轩供稿）

普洱茶的品饮艺术

一瓣心香，化作心海的白莲。

普洱茶是健康之液、快乐之杯、灵魂之饮，不仅要讲究冲泡技巧，更强调品饮艺术。国学大师林语堂先生在《生活的艺术》中对品茶的艺术做了很好的概括。他说："饮茶为整个国民的生活增色不少。它在这里的作用，超过任何一项同类型的人类发明。人们或者在家饮茶，或者去茶馆饮茶；有自斟自饮的，也有与人共饮的；开会的时候喝茶，解决纠纷的时候也喝；早餐之前喝，午夜也喝。只要有一只茶壶在手，中国人到哪儿都是快乐的。"品茶艺术就是让茶人能充分感受到品茶之乐的生活艺术。

品茶的三种境界

茶人们认为喝茶分两大类型，有三种境界。即喝茶分为清饮与混饮两大类型，品茶分为得味、得韵和得道三种境界。

“得味”是指在饮茶时注意茶的理化性质，从茶的色、香、味、韵、气中品出茶的类别、品种、新陈、优劣。这是品茶的初级阶段，即认识茶的物质属性的感性阶段。

“得韵”是指把茶事活动上升为品茶艺术，在品茶时注意环境的营造、背景音乐的选择，茶具的组合、茶席的布置、冲泡程序的编排、冲泡技巧的练习，泡茶用水的选取以及水温和出汤时间的掌握等，使人在泡茶的过程中获得感官上的满足和精神上的愉悦，从而达到神清气爽，怡情悦志，体会到品茶过程中韵味无穷的感受。

“得道”是品茗的最高境界。它要求茶人彻底摆脱实用主义的功利考量，融化物我之间的界限，做到“以心体道”“与天地合德”。从感官上讲，茶艺有六大要素：人、茶、水、器、境、艺。品茶的过

得韵乎，得道乎（今雨轩供稿）

程中有声、有色、有香、有味、有形、有质感、有美感，茶人必须调动听觉、视觉、味觉、嗅觉、触觉和大脑等一切器官去体会茶艺之美。即要“五官并用，六根共识”。从精神上讲，茶人要以茶为媒体，通过“物我玄会”“应目会心”“迁想妙得”等心理活动，去沟通自然，内省自性，澡雪自我，达到对“茶味人生”的彻悟。

我认为对“茶味人生”的彻悟，至少应包括三方面的内容：

其一，像品茶一样，心无杂念地去细心品悟生活，从苦涩中品悟出生活的甘美与芬芳，并且真正做到“啜苦可励志，咽甘思报国”，永远怀着一颗感恩之心。

聆听味觉的音乐。女茶王杜春峰（左二）请作者品饮在云南省首届普洱茶国际博览会上 100 克拍卖到 20 万元的普洱茶

哈尼族女茶王杜春峄（图右）

其二，真正领悟到茶的世界是万物和谐相处，共生共荣，相互依赖的世界。品种再好的茶树如果没有良好的生长环境，离开合理的栽培管理和科学的加工制作都无法生产出优质名茶。再好的茶如果没有清纯的水、适宜的茶具、恰到好处的水温和出汤时间，也无法泡出香清甘活的茶汤。由此悟到再优秀的人如果不能与周围的自然环境及社会环境相和谐，那么他的生活就不可能幸福美满。

其三，“茶味人生”是对“虚荣人生”的彻底否定，即“剥掉人类为使自己所谓的神圣而制造的一切伪装”（《禅与茶道》日本·铃木大拙）按照人生本来面目去真实地享受生活。由此可见品茶的艺术，就是引领我们从“得味”到“得韵”，再到“得道”的生活艺术，是人生的艺术。

解读民族的风情。哈尼族“六如”姑娘煎茶让人回味无穷

普洱茶品饮艺术的感受

品饮普洱茶的艺术具体表现在聆听味觉的音乐，解读民族的风情，感悟生命的活力，享受无言的温柔四个方面。

1. 聆听味觉的音乐：在众多专家谈品饮普洱茶茶性的感受中，舞蹈家杨丽萍总结得最简洁，最有意境。她说普洱茶是“味觉的音乐”，“它是有韵的陈年普洱茶的气味和口感依次呈现的过程，就像一首好曲子，逶迤有致”。普洱茶是茶，它的本质属性就是让人品味。不同品种、不同山头、不同厂商、不同年代普洱茶的茶味，有的像短笛清亮激昂；有的像芦笙温柔包容；有的像古琴深沉含蓄；有的像编钟雄浑响亮，自有矜持华贵的王公贵族之气；有的像洞箫，悠远平和中饱含着禅机诗意。当然，也有的像破锣，噪音烦人。即使是同一泡茶，在冲泡的过程中其滋味也在不断变化。只要你善于驾驭水温和出汤时间，你完全可以像音乐家一样，根据自己的喜好，弹奏出一曲美妙的普洱茶专属“音乐之声”。

2. 解读民族的风情：在普洱茶中凝结着云南少数民族多姿多彩的民族风情，积淀着云南少数民族辉煌的历史和文化。普洱茶茶艺，不是只拿几饼老茶说事，而是应当注意引导茶人解读云南茶区少数民族风情。哈尼族的煎茶、纳西族的龙虎斗、拉祜族的烤茶、回族的罐罐茶、傣族的竹筒茶、藏族的酥油茶、佤族的烤茶、德昂族的砂罐茶等，都是我国先民饮茶的“活化石”。品饮普洱茶不仅是味觉和嗅觉的享受，更是精神的升华，只有结合解读民族风情，你才能真正理解普洱茶文化的博大精深，你才能品得出普洱茶的物外之味。

无言的温柔——六如茶天使李梦梦、陈丽文

3. 感受生命的活力：我们说茶艺是人生的艺术，正在于人能通过茶加强心灵与自然的沟通，启迪茶人对生命的感悟。普洱茶是有生命的茶，生普洱的茶性好比是西双版纳的春天，充满无限的生机活力，每品一口生普洱，都能感受到生命的勃发、生命的清新、生命的鲜活和生命的律动，让人血脉舒展，振枯还童。普洱熟茶的汤味如泸沽湖秋韵般平静而深沉，如老僧般淡定祥和，每品饮一口老茶，都让人感到生命的不朽，让人产生“与君更把长生碗，聊为清歌驻白云”的莫名冲动。感受普洱茶生命的活力，最好的途径是踏上寻访普洱茶的旅程，在普洱茶乡，在葱绿苍翠的古茶林中，在奔腾咆哮的澜沧江畔，在山寨的火塘边。煨上一壶普洱，看着火苗舞蹈，聆听山林吟唱，你一定会感受到普洱茶那千年不衰的生命活力融入了你的血液，你的心中一定会有一朵永不凋谢的生命之花在甘露的滋润下含笑绽放，你一定更能体

感受生命的活力——普洱茶，挡不住的诱惑

会到普洱茶那挡不住的诱惑。

茶是一种生活，一种享受，一种境界——“六如”茶天使殷瑀彤

4. 享受无言的温柔：茶虽无言，最解人意。品饮普洱是人茶对话的过程，也是人茶合一的过程。一杯普洱在手，或如捧着一杯绿云飘香的甘露，或如捧着一杯夕阳照耀下的晚霞。无论是听着茶室里的炉火松风，还是观赏着窗外的蓝天白云；无论是陪伴着明月清风，还是陪伴着瑞雪红梅；也无论是独品得神、对啜得趣或众品得慧。一杯普洱在手，茶气袭人，茶香染衣，啜上一口，茶汤在心间流淌，茶香在齿颊弥散，陈香、荷香、樟香、兰香在流霞波光摇曳间，通通化为了自己的心香，真是“平生尘虑消融后，余韵悠悠正可人。”这种无穷的乐趣，这种无言的温柔，怎一个“爽”字了得！

普洱茶要用心去品，更要用心去悟，茶虽不语，韵自省人。品茶的艺术，最终还是要从茶的无言温柔中，品悟出茶的物外高意，这样茶艺才能从生活的艺术升华为人生的艺术。

茶马古道起点

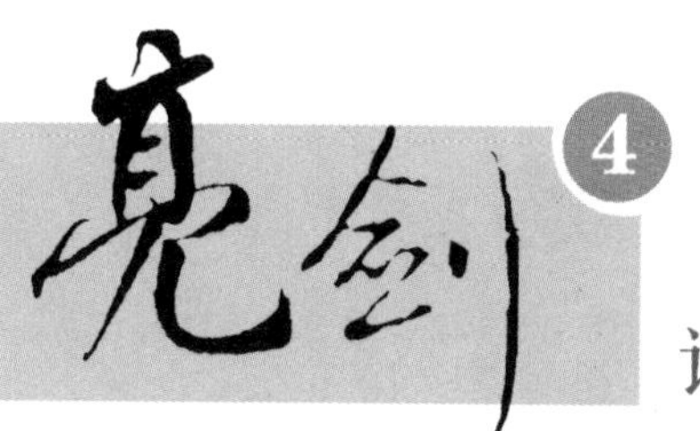

4 请先学点茶艺“人之初”

最近，看到我国台湾地区普洱茶爱好者邓时海先生题为《普洱传统茶艺将中断四十年》的文章，读后极为愕然。邓先生在文章中断言“经济发展截断真美普洱茶源流”“经济改革与真美普洱而背驰”“茶艺品茗的普洱茶走入了断层”，邓先生不仅全盘否定我国大陆地区几十年以来在茶树品种的改良与推广，加工技术方面的革新与进步以及普洱茶科学研究的深入与普及，而且武断地得出结论：“普洱茶传统茶艺将中断四十年。”

早先就听到过不少学者批评邓先生不懂茶学并且缺乏中国传统文化方面的知识，但是我认为邓先生是个挚爱普洱茶的人，并且在宣传普洱茶方面还是有汗马功劳的，对他不必苛求。对于茶叶加工学、茶树栽培学、茶文化学中的各种问题见仁见智，百花齐放，百家争鸣，这原本是一件可喜的事。自己偏爱某一种茶，偏爱某一种品茶方式也是很正常的事，这些都无可厚非，但是若因自己的偏爱而全盘否定祖国几十年来在普洱茶科学和文化等方面取得的巨大成就，那么我们就无法保持沉默。

首先，邓先生说“经济发展截断真美普洱茶源流”。他忽视了一些基本事实。其一，国家认定的勐库大叶种、凤庆大叶种、勐海大叶种以及云南农业科学院茶叶研究所选育成的云抗 10 号、云抗 14 号等国家级良种的大面积推广，这为生产优质普洱奠定了物质基础。其二，普洱茶理论和科学技术的进步以及制茶新工艺，新设备的应用，使生产出的普洱茶更真、更美、更符合卫生标准。其他暂且不说，仅仅是普洱茶原料的清理这一工艺程序，过去一般用原始的鼓风法，而如今“今雨轩”等先进的普洱茶生产企业使用圆孔筛、振动筛清理毛茶中的泥沙与粉尘；使用静电感应去除羽毛头发丝等杂质；使用风选清除

2006 年首届“电信杯”普洱茶技能大赛的冠军刘药女士在演示“普洱茶艺”

2006年首届“电信杯”普洱茶技能大赛亚军在演示“云居闲情”

黄片并自动分级；在出口处利用强磁铁除去磁性金属物，这样生产出来的普洱茶远比用旧方法生产的卫生。当前，现代微生物工程正在普洱茶后发酵过程中推广应用，ISO9001、2000国际质量管理体系认证、HACCP食品安全卫生认证、QS认证等现代管理手段也正在一些先进的普洱茶生产企业中推广，这些做法不仅使普洱茶的质量进一步提高，而且卫生安全性和质量的稳定性也有了可靠的保障。其三，云南省在推广普及普洱茶的现代生产工艺的同时，并没有否定普洱茶的传统生产工艺，更没有限制厂家使用传统生产工艺，根本谈不上“经济改革与真美普洱而背驰”。

其次，在拜读了邓先生的一些大作后，我认为邓先生对“什么是茶艺”缺乏基本理解。茶艺是在茶道精神和美学理论指导下的茶事实践，

史锡媛母女
在表演“山水情”

段奕竹小姐
在表演普洱贡茶茶艺

是一门生活艺术，它强调泡茶的过程美和法果美必须有机结合，即在众美荟萃，唯美是求的前提下艺术地冲泡出一壶好茶，符合礼仪地敬奉一杯好茶，“五官并用，六根共识”，品味出一杯好茶。普洱茶茶艺经过我国茶人的不断努力，“古法创新，新法承古”已形成多姿多彩、内涵丰富、博大精深、雅俗共赏的生活。几个人凑在一起玩老茶，那只是品饮普洱茶的方式之一，充其量也只能算是普洱茶艺百花园中的一朵小花，根本无法代表“普洱茶传统茶艺”。

近十多年来，云南的茶人创编整理出了很多道心文趣兼备，过程美和结果美相统一的普洱茶艺。远的且不说，仅2006年云南省“电信杯”首届普洱茶技能大赛的节目，就足以令人大开眼界。参赛的选手有母女、有姐妹、有大学生组合、有白领女性组合，也有阵容强大的企业代表队。参赛的节目有的带有浓郁的文士气息，有的具有鲜明的民族特色，有的体现出时代精神，有的则保留着古风古韵，风格各异，让人目不暇接。冠军今雨轩的刘小姐表演的《普洱茶艺》，亚军王鑫梅、刘姿妤小姐表演的《云居闲情》以及史锡媛母女表演的《山水情》和段奕竹表演的《普洱贡茶》都赢得了评委和观众的一致好评。可以肯

笔者与获奖的茶艺师合影

定地说，我国的普洱茶艺不仅不会中断四十年，而是刚刚迎来百花齐放、万紫千红的春天。

茶艺是我们共同拥有的宝贵历史文化遗产。我们提倡“两地品茗，一味同心”。我们也十分欢迎台湾地区和海外的学者和我们共同探讨发展祖国茶文化的种种问题。但是，要想比较全面，比较客观地评价中国的茶艺，那就必须先学点茶艺的“人之初”，若是想要全盘否定中国的茶艺，那只能是“向天泼墨”，自取其辱。

至真至诚，才能动人——“六如”茶天使王定燕

茶道篇

三饮便得道，何须苦心破烦恼

中国茶道的基本精神

中国茶道与传统文化的关系

茶道与茶艺的关系

亮剑5

『茶为国饮，普洱光先』，必须加强对茶道的研究

中国茶道的基本精神

道由心悟——与学生张钰在米兰演示禅茶

饮茶“得道”，是破除烦恼，体验茶带来的至美天乐，达到“日日是好日”的境界，所以也是古往今来无数茶人梦寐以求的境界。但是，要体会“得道”境界的至美天乐，必须经历三个阶段：从“独携天上小团月，来试人间第二泉”（宋・苏轼）的执着探索，到“千羡万羡西江水，曾向竟陵城下来”（唐・陆羽）的无悔追求，再到“莫道年来尘满腹，小窗寒梦已醒然”（明・文征明）的豁然顿悟。饮茶“得道”的三个阶段，都有无穷妙趣。

我国不仅仅是茶树的故乡，而且是茶道的发源地。对于什么是茶道，学术界有不同的观点，这好比是“月印千江水，千江月不同。”有的“浮光跃金”，有的“静影沉璧”，有的“江清月近人”，有的“水浅鱼读月”，有的“冷月无声蛙自语”，有的“清江明月露禅心”。月只一轮，映

中国茶道的基本精神“和静怡真”

象各异。“茶道”如月，人心如江。不同的人在不同的情境之下品茶，对茶道自会有不同的感悟。我不主张给茶道下一个统一的定义，更不主张茶人们把精力用于名词之争，而是认为应当着眼于茶道的基本精神，并且用心去参与茶事活动，自己从茶水中去品悟茶道那妙不可言的心灵感受。

茶道可以不强求有一个统一的定义，但是，对于什么是茶道的基本精神，却应当求大同、存小异，达成共识。我认为茶道的基本精神包括“和静怡真”的哲学思想和“精行俭德”的人文追求。

和——中国茶道的哲学思想核心

中国茶道是我国优秀传统文化中的一朵奇葩，它根植于中华民族传统文化的沃土之中，吸收了儒、释、道三教文化的精华，充满了智慧的哲学思辨，沉积了厚重的伦理道德和人文追求，其中“和”便是儒、

和字的诠释——今雨轩“保合太和”茶具组合

释、道三教共通的哲学理念。茶道所追求的“和”源于《周易》中的“保和太和”。“保和太和”的意思是指世间万物皆由阴阳两要素构成，阴阳协调，保合太和之元气，以普利万物生长才是人间正道。对于茶道中的“和”，儒、释、道三家有共同的体认，但却有不同的诠释。

儒家从“太和”的哲学理念中推衍出“中庸之道”的中和思想。在儒者的眼中“和”是中，“和”是度，“和”是宜，“和”是当，“和”是一切恰到好处，无太过亦无不及。在情与理上，“和”表现为理性的节制，而非情感的放纵；在举止行为上，“和”表现为适可而止，“敏于事而慎于言”；在人与自然的关系上，“和”表现为“仁人之心，以天地万物为一体，欣合和畅，原无间隔”；在人与社会及人与人的关系上，“和”表现为“礼之用，和为贵”，提倡和衷共济，和睦相处，和蔼待人。儒家在茶事活动中把“和”诠释得淋漓尽致。在泡茶时表现为“酸甜苦涩调太和，掌握迟速量适中”的中和之美。在待客时表现为“奉茶为礼敬宾客，浓茶浓意表浓情”的和敬之礼。在品茶的过程中，宾客表现为“分赠恩深知最异，草木英华信有神”的谦和之仪。在茶艺表演艺术方面表现为“朴实古雅去虚华，宁静致远隐沉毅”般和谐的艺术格调。

道家对“和”的诠释首先是“知和曰常”，即道家认为和谐是宇宙永恒的规律。生是阴阳之和，道是阴阳之变。世界万事万物都是阴阳两气相依相存，相互激荡而生成的新的和谐体，阴阳相合是宇宙变化的根本。另外，道家还从哲学之“和”演绎出养生之“和”。他们认为茶是由金木水火土五行相生相克，达到调和而成的天地之间的灵物。茶性可令人“致清导和”。在老庄哲学中，生命有三个层次：生理生命、心理生命和宇宙生命。生理生命与心理生命和融，是达到人与宇宙生

返璞归真——“六如”茶员王夕夏、赵芹梅

命和融的前提。老子把悟道归纳为“圣人法天顺地，不拘于俗，不诱于人，故贵在守和。”茶道养生中的“守和”，是强调个体生命的自由体现、自在自得，心与万物相优游，契合无间。品茶应无所束缚，无所滞碍，以彻底的审美情调和艺术精神在品茶过程中吮吸大自然的生生之气，吟味人生乐趣，感受人与天地万物豁然贯通的无上快慰，从而达到养生健体，益寿延年的目的。

佛教也讲“和”，如佛家提倡“中道妙理”。《杂阿含经》中佛陀说：“汝当平等修习摄受，莫执着，莫放逸。”这就是中和的哲学思想。佛门修行强调六和敬：“见和同解，戒和同修，身和同住，口和无诤，意和同悦，利和同均。”在茶道中“和”最突出的表现是“茶禅一味”。茶道是中国本土文化，佛教是外来文化。佛教文化与中土文化相融合

道法自然——“六如”茶天使王夕夏

后形成了“茶禅一味”、雅俗共赏的新文化。“茶禅一味”充分体现了茶道在文化方面调和、融和、亲和的精神。

正因为一个“和”字在茶道中有如此丰富而深刻的思想内涵，所以历代茶人都以“和”为茶道的灵魂，把“和”视为茶人的襟怀、茶人的境界。泽庵在《茶亭之记》中写道：“此所谓天地自然之和气，移山川石木于炉边，五行具备也。没有天地之流，品风味于口，可谓大矣。以天地之和气为乐，乃茶道之道也！”

静中的禅意——“非茶不饮”茶具组合

静——修习中国茶道的不二法门

中国茶道是修身养性、澡雪精神、追寻自我之道。“静”是修习中国茶道的必由途径。

老子说：“致虚极，守静笃，万物并做，吾以观其复。夫物芸芸，各复归于其根。归根曰静，静曰复命。”孔子说：“水静则明烛须眉，平中准，大匠取法焉。水静伏明，而况精神。圣人之心，静乎，天地之鉴也，万物之镜也。”老子、孔子所说的都是“虚静观复法”。其大意是致虚达到极点，守静达到纯笃，就能观察到芸芸万物在茁壮成长之后各自复归于他们的根底。复归根底叫作静，静就是复原生命。圣人之心虚静之极，所以可以像镜子一样真实地反映出天地万物和自然规律。老子、孔子所启示的“虚静观复法”是人们洞察自然，反观自我，明心见性，体悟大道的无上妙法。儒、道两家清静无为的思想对于中国传统文化和民族心理结构的影响极其深远。历代文人都有把“静”视为越名教而任自然的思想基础。陶渊明追求“闲静少言，不慕荣利”；王维宣称：“吾生好清静，蔬食去情尘。”白居易的座右铭是：“修外以及内，静养和与真。”苏东坡认为：“夫人之动，以静为主，神以静舍，心以静充，志以静宁，虑以静明，其静有道，逐物则动。”由此可见，中国古代的士大夫们都是在静中证道悟道，同时也是在静中去寻求自己独立的人格和自尊。

以静为美——“六如”茶天使王娟

道家、儒家主静，佛家更主静。我们常说：“茶禅一味”。禅（梵语 Dhyana）直译成汉语就是“静

天人合一——“六如”茶天使纪宏婷

虑”之意，即指专心一意，沉思冥想，排除一切干扰，以静坐的方式去领悟佛法真谛。佛教还把“戒定慧”三学作为修持的基础。戒是止恶修善，依戒资定；定是息缘静虑，依定发慧；慧是破惑证真，依慧成佛。定即是静，足见静是佛教修成正果，达到大彻大悟的不二法门。达摩祖师一苇渡江后在少林寺面壁九年是静虑的典范。现代高僧弘一大师对于什么是虚静有极精辟的解释。他说：“心不为外物所动之谓静，不为外物所实之谓虚。”意思是心灵不受外界事物干扰叫作静，心灵不被名利欲望充斥叫作虚。这个解释既合佛理也合茶道。

儒、释、道三教对静的理解在茶道中演化为“茶须静品”的理论和实践。中国茶道不仅以静为本，还时常以静为美。

“梅妻鹤子”的林逋在品茶诗中写道：

白云南峰雨枪新，腻绿长鲜谷雨春。
静试却如湖上雪，对尝兼忆剡中人。

林逋描写的是心之静。

唐代文学家柳宗元在《夏昼偶作》写道：

南洲溽暑醉如酒，隐几熟眠开北牖。
日午独觉无余声，山童隔竹敲茶臼。

柳宗元描写的是境之静。

宋代书法四大名家之一蔡襄的《试茶》写道：

湖上画船风送客，江边红烛夜还家。
今朝寂寞山堂坐，独对炎晖看雪花。

茶禅一味，空即是色

蔡襄写的是夜之静。

宋代诗人戴昺《赏茶》写道：

自汲香泉带落花，漫烧石鼎试新茶。
绿阴天气闲庭院，卧听黄蜂报晚衙。

戴昺写的是人之静。

茶仙苏东坡有一首回文诗写得最好：

酡颜玉盏捧纤纤，乱点余花唾碧衫。
歌咽水云凝静院，梦惊松雪落空岩。

这首诗无论是正读还是倒过来读都动中有静，静中有动，美妙无比。

从以上诗中可见，在茶道中，静是一种意境，静与美常常相得益彰。

古往今来，无论是羽士隐者还是高僧大德，都殊途同归地把“静”作为修习茶道的必由之路。因为静则明，静则虚，静可虚怀若谷，静可内敛含藏，静可洞察明澈，静可体道入微。道家讲：“以虚静推于天地，通于万物，此谓之天乐。”儒家讲：“静可致良知，止于至善。”可以说“欲达茶道通玄境，除却静修无妙法”。

怡——修习中国茶道的身心感受

“怡”者，和悦愉快之意。中国茶道不重形式，不拘一格，雅俗共赏，最能让茶人在茶事过程中得到愉悦的身心享受。中国茶道之“怡”可分为三个层次：

其一是怡目悦口的直觉感受。

修习茶道，参与茶事活动，首先是对美的直觉享受，幽美的茶事环境，精美的茶具器皿，醉人的茶香，甘爽的茶味，悠扬悦耳的背景音乐，或许还有动人的解说，这一切都作用于人的审美器官，并使人产生怡悦的直觉感受。这是茶道之怡最粗浅的层次。例如，唐代诗人崔珏在《美人尝茶行》一诗中写道：“朱唇啜破绿云时，咽入香喉爽红玉。”再如清代诗人高士奇在《武夷茶》一诗中所写的“擎来各样银瓶水，香夺玫瑰晓露鲜。”均属于这一层次的感受。

其二是怡心悦意的审美领悟。

茶道审美的心理活动并不只是停留在怡目悦口的直觉感受，茶的色、香、味以及茶事活动中的美妙情景必然会撩动茶人的思想情感，唤醒记忆，通过引发联想使人感到“心旷神怡”，甚至“销魂夺魄”。例如宋代茶人文彦博写的“烦酲涤尽冲襟爽，暂适萧然物外情”。再如清代茶人姚燮的“竹炉石铫试新茶，蟹眼声中泛碧芽。却喜客来如陆羽，共凭茶几看荷花”。写的都是从品茶中领悟到的怡心悦意的情境之美。

其三是怡神悦志的精神升华。

这是中国茶道使人怡悦的最高层次，同时也是中国茶道使人乐此不疲的根本原因。所谓怡神悦志，是指茶人在参与茶事活动时，在审美过程中，经过感知、理解、想象等多种心理活动，品出了茶的物外高意，悟出了茶道中的玄机妙理，不仅达到了身心的享受，而且产生了精神上的升华。唐代诗人温庭筠写道："疏香皓齿有余味，更觉鹤心通杳冥。"明代诗人闵龄在《试武夷茶》一诗中写道："啜罢灵芽第一春，伐毛洗髓见元神。""更觉鹤心通杳冥"是精神上的升华。"伐毛洗髓见元神" 是脱胎换骨后明心见性的畅适，这种感受正是怡神悦志的"天乐"。

怡情的甘露——西安"六如"普洱茶茶艺

中国茶道的"怡"还极具广泛性，不同地位、不同信仰、不同文化层次的人对茶道有不同的追求。王公贵族讲茶道，重在"茶之珍"，意在炫耀权势，夸示富贵，附庸风雅；文人学士讲茶道，重在"茶之韵"，意在托物寄怀，激扬文思，结交朋友；佛门高僧讲茶道，重在"茶之德"，意在驱困提神，参禅悟道，见性成佛；道家羽士讲茶道，重在"茶之功"，意在品茗养生，保生尽年，羽化成仙；普通老百姓讲茶道，重在"茶之味"，意在去腥除腻，涤烦解渴，招待亲朋。无论什么人都可以从中国茶道中得到生理上的快感，精神上的满足和心灵上的怡悦，这种"自恣以适已"的怡悦性，正是中国茶道区别于强调"清寂"的日本茶道的根本标志之一。

真——中国茶道的终极追求

真，原是道家的哲学范畴。庄子认为：“真者，精诚之至也。不精不诚，不能动人。真者所受于天地。自然不可易也。故圣人法天贵真，不拘于俗。”在道家学说中，真与“天”“自然”等概念相近，真即本性、本质，所以道家追求“抱朴含真”“返璞归真”，要求“守真”“养真”“全真”。道家的思想对茶道影响极深。中国茶道所追求的“真”有四重含义。

其一是追求物之真。中国茶道要求在茶事活动中，茶应是真茶、真香、真味，环境最好是真山真水，器皿最好是真竹、真木、真石、真陶、真瓷，字画最好是名家真迹，插花最好是新采的真花。

其二是追求情之真。即待客要真心实意，泡茶要投入真情，并通过品茗叙怀，使茶友之间的真情得到发展，达到互见真心的境界。茶人之间真情相见，有助于体味品茶的真趣。

色即是空——“六如”茶天使殷子清

其三是追求性之真。即在品茗过程中，真正放松自己的心情，在无我的境界中放飞自己的心灵，放逐自己的天性，达到“全性葆真”，其中所说的“真”是指生命。庄子讲：“道之真，以治身”。就是说只有率性任真，本色做人，才是茶道之真谛。

其四是追求道之真。即在茶事活动中，茶人们以淡泊的襟怀，旷达的心胸、超逸的性情和闲适的心态去品味茶的物外高意，将自己的感情和生命都融入大自然，在品茶中追求对道的真切感悟，使自己的心能契合大道，达到修身养性、澡雪心灵、品味人生之目的。由此可见，“真”既是中国茶道的起点，又是中国茶道的终极追求。

真情的奉献——史锡媛母女的茶艺表演

中国茶道除了以“和静怡真”四谛为纲之外，还以“精行俭德”作为人文追求的核心。茶圣陆羽在《茶经》里提出：“茶之为用，味至寒，为饮最宜精行俭德之人。”“精行”即行为专诚之意，“俭”为谦和、不放纵之意。陆羽倡导“精行俭德”，即要求茶人的行为要专诚谦和，不放纵自己。

中国茶道与传统文化的关系

中国人不轻易言道。老子在《道德经》中讲："道，可道，非常道。名，可名，非常名。"他认为"道"无名无形，无为而无不为，是造化天地万物的本始，是宇宙自然的规律。早在地球上出现人类之前的数十亿年甚至更久远，大道早就存在于宇宙之中，它是看不见摸不着的无限生机，人类无法用贫乏的语言和概念去表述"道"。

中国人不轻易言道，但却执着于"道"，因为"道"贯穿主宰着万事万物，孕育了万事万物。只有采取"有"的态度去体认道，去契悟道，人才称得上是万物之灵，人生才有意义。

世界上每一个民族都有自己的母体文化，都在通过弘扬母体文化去认识"道"。中华民族尊崇皇天后土，以大地为母亲，所以形成了敦厚、博爱、包容、贵生的民族传统文化。而茶性最能体现中国的传统优秀文化，所以我们的祖先通过茶道，把民族文化的精华和 56 个民族的民风民俗融汇在一杯淡淡的茶水中，用茶来润泽心灵，用茶来修身养性，用茶来契悟大道。茶道与儒、释、道三教相通。

茶与道通，通在“天人合一”，通在“道法自然”，通在“尊生养生”

“天人合一”是中国茶道对于人与自然关系的体认，同时也是中国传统文化贯彻始终的主题。老子在《道德经》第四十二章指出：“道生一，一生二，二生三，三生万物。万物负阴而抱阳，冲气以为和。”老子的这一观点被不少哲学家认为是表述宇宙生化过程最简明、最深刻、最生动的公式，这一公式认定人与天地万物同根。后来《易传》传承并发展了老子的这一思想，提出“天人合一”的哲学命题。

有了“天人合一”的思想，茶人们在茶事活动中能更加全身心投入自然的怀抱，真正心融于山水，并使人超越自身的生理局限性，在大自然中放飞心灵，放牧心性，与大自然高度和谐，从而在茶事活动中获得身心高度解放的愉悦。

有了“天人合一”的思想，茶人认识到“盖天地万物本吾一体”，这样自然能够发自内心地去珍爱大自然的一山一水，一草一木。孟子讲：“亲亲而仁民，仁民而爱物。”珍爱大自然的万事万物是最大的仁，是最高的德。自古以来“智者乐，德者昌，仁者寿。”珍爱大自然万事万物不仅是茶人心灵快乐的源泉，而且是健康长寿的基石。

“道法自然”是茶道美学的基础，也是茶道养生的重要理念。

从美学层面看，道家强调“美到极致是自然”，强调“原天地之美，而达万物之理”，强调“素朴而天下莫能与之争美”。茶道美学对“道法自然”的理解有两个层次：首先是以大自然为榜样，努力去效法大自然，去“原天地之美”；其次是把自然作动词解，即自然而然，任其自然。在茶事活动中，动则如行云流水，舒展自如，聚散自在；静则如山岳磐石，如钟如松，安详沉稳；笑则如春花烂漫，应时而发，天真无邪；言则如山泉絮语，倾诉心声，扣人心弦。总之，在茶事活动中，茶人一举手，一投足，一笑一颦都是真情的流露，真心的表白，真诚的体现，毫不夸张做作，毫不媚俗取巧。

从养生层面看，“道法自然”表现为与自然合体，与天地合德，与四时含拍。即养生要顺应自然的规律。

尊生养生——崂山上清宫道长为客人斟茶

从精神层面看，“道法自然”表现为“心不为物所役”，即追求心灵的彻底解放，使自己的心境清静、恬淡、寂寞、无为，达到秋水长天，了无干碍的境界。心灵解放了，人性也就解放了，生命本初的意义也就诞生了。你就会领悟到：“文章做到极处，无有他奇，只是恰好。人品做到极处，无有他异，只是本然。”抛弃一切伪装，率性任真，本色做人，你会发现活在这个世界上原本很简单。天蓝海碧，鹰飞鱼跃，做人真的很逍遥，真的很自在。

道法自然——青岛国际茶文化节上的道家茶艺

从行为层面看，道法自然就是不做违背自然规律的事。《庄子·达生》中讲：“达生之情者，不务生之所无以为；达命之情者，不务知之所无奈何。”意思是说：了解养生之道的人，不追求明知无法得到的东西。庄子说的“不务”即“不为”，但是，他所说的“不为”并不是不作为，而是不逆自然而为。不逆自然而为可以清心体道，可以宁静致远，可以全性葆真，可以养生尽年。

茶与儒通，通在中庸之道，通在以清为美，通在修身养性齐家治国平天下

“中庸之道”是儒家学说的根本。中庸之道，即中和思想。在儒家眼里，“和”是中，“和”是度，“和”是宜，“和”是当，“和”是一切恰到好处，无太过亦无不及。因此，儒家认为“和”是一种至高的思想境界。儒家认为人生的追求应当是修身、养性、齐家、治国、平天下。而他们认为“修身”的真谛是人际关系的和谐；“养性”的真谛是天道与人道的和谐；“齐家”的真谛是孝悌关系的和谐；“治国”的真谛是社会群体的和谐；“平天下”是儒家提出的社会发展的理想目标，所追求的是世界大同，其真谛是全人类之间的和谐以及人类与自然的和谐。而茶道的四谛之首正是“和”，茶道追求的天人和谐，也正是儒家所追求的“和”的最高理想境界。

“以清为美”是儒者的风范。儒士品茶志趣各异，有的人品茶意在“以茶可雅志，以茶可行道”，怀着积极入世观；有的则宣称“天赋识灵草，自然钟野姿”，把茶当作隐逸生活的乐事；有的人品茶标榜“啜苦可励志，咽甘思报国”；有的人则“茶烟一榻拥书眠”，把茶当作自己“穷通行止常相伴”的人生知己。总之，儒士把品茶视为“品味人生”，酸甜苦涩各人自有各自的感受，但是，无论如何，在茶事活动中儒士都以清为美。

茶生长于灵山妙峰，承甘露之芳泽，蕴天地之精气，本是致清导和之珍木灵芽，要品出茶的“香、清、甘、活”和茶的物外高意，儒

士们在品茶中有许多讲究：以茶悟道时，儒士们讲究要有冲淡绝尘之清逸，不污时俗之清高，和栖神物外之清灵。以茶休闲时，儒士们常以六艺助茶，添茶道之清新。以茶会友时，儒士们常以茶辅雅事，添茶道之清兴；以茶讽世，显才子之清傲；以茶敬客，表平淡脱俗之情谊；以茶喻理，形成“家事，国事，天下事，事事关心”的清尚。另外，在茶事活动中，儒士们还讲究水要清轻甘洌，环境要清静温馨，茶具要清洁典雅，心境要清灵空明。在历代儒士的发扬光大下，“清”成了中国茶道美学所追求的崇高意境。

另外，在茶道养生方面，儒士们倡导的清心寡欲、乐天知命也是延年益寿的重要法门。

茶与佛通，通在“茶禅一味”，通在“无住生心”，通在“一期一会”

“茶禅一味”是僧俗两界都津津乐道的法语，这句话源于“夹山境”名偈和“吃茶去”公案。为什么说“茶禅一味”呢？我是从苦、静、凡、放等四个方面来理解。

以清为美——“六如”姑娘高蒙、李米红演示绿茶茶艺

其一曰“苦”。

佛理博大无垠，但以“四谛”为总纲。

佛祖悟道后，第一次在鹿野苑说法时，谈的就是“四谛”之理。“苦、集、灭、道”四谛以苦为首。人生有多少苦呢？佛祖认为有生苦、老苦、病苦、死苦，怨憎会苦，爱别离苦，求不得苦，五取蕴苦。佛祖指出大千世界不过是迁流不息、变化无常的苦集之地，凡是构成人类生存的所有物质以及人类在生存过程中的精神因素，都可能给人类带来苦恼。而禅则是通过静虑点燃智慧心灯，使人明白痛苦的根源，做到“苦海无边，回头是岸。”

茶性亦苦。李时珍在《本草纲目》中讲：“茶苦而寒，阴中之阴，最能降火，火为百病，火降则上清矣。”虽然茶之苦并非佛所说的人生之苦，但茶人多善于联想，能从茶的苦后回甘、苦中有甘中启迪心性，参破“苦谛”，领悟佛法。

其二曰“静”。

茶道讲究“和静怡真”；禅宗讲究“直指心性”。

茶道讲究“茶要静品”；禅者讲究“禅要静虑”。佛祖“拈花微笑”是静，达摩“面壁九年”是静，二祖“神光立雪”是静，三祖“隐思空山”是静，四祖“摄心无寐”是静，五祖“栖身山谷”还是静，可以说禅宗本身就是从静虑中创出来的。

在茶道中“脱衣斜倚绳床坐，风送水声到耳边”是静；“枯肠未易禁三碗，坐听荒城长短更”是静；“夜半茶熟客未至，闲敲棋子数落花”是静；“侍立小童闲不动，萧萧石鼎煮茶声”也是静。

中国贡茶第一镇——云南易武镇

禅宗和茶道都认为心静则闲，心闲则万法闲，心闲则万相和。所以都主张通过“静虑”从内心泯灭外界的一切冲突和困扰。禅者在静默中“以心印心”，依定发慧，依慧破惑证真，达到见性成佛。茶人在静默中与茶对话，让茶香静静地浸润自己心田和肺腑的每一个角落，让自己的心境在虚静中显得空明，让自己的心灵在虚静中升华净化，让自己在虚静中心驰宏宇、神交自然，与大自然融涵玄会，达到天人合一的“天乐”境界。可见“静”是茶人与禅者修身养性的相同法门。

这里要特别强调的一点是，禅宗和茶道所说的静都不是死寂，也不是形式上的无动无声，而是无比鲜活、无比生动的空灵之静。据记载，近代高僧虚云禅师有一次在打开水时不小心被烫了手，手中茶杯落在地上，应声而碎。虚云禅师闻声顿断疑根，如从梦中觉醒，豁然开悟并写了二偈：

杯子扑落地，响声明沥沥。
虚空粉碎也，狂心当下息。

又偈云：

烫着手、打碎杯，家破人亡语难开。
春到花香处处秀，山河大地是如来。

再如宋代茶仙苏东坡在静心品茶中感悟到“雪沫乳花浮午盏，蓼茸蒿笋试春盘，人间有味是清欢”是悟道。感悟到“休对故人思故国，且将新火试新茶，诗酒趁年华”也是悟道。古往今来，无数茶人和禅者都是在静心品茶中悟道的。

其三曰“凡”。

禅宗和茶道都是要求人们从平凡的日常小事中去感悟人生，去契悟大道。

如何参禅悟道？《景德传灯录》(卷二十六)讲得好。“晨起洗手面，盥漱了吃茶。吃茶了，佛前礼拜。归了去打睡了，起来洗手面，盥漱了吃茶。吃了茶东事西事，上堂吃饭了盥漱。盥洗了吃茶。吃茶了东

茶与佛通——全国佛教协会副会长净慧老和尚在“今雨轩”品饮金达摩后欣然挥毫题词

事西事。”参禅就是这么平凡，就是这么琐碎。于是便有了赵州老和尚“吃茶去！”的公案。

以茶悟道也是从微不足道处去感悟人生。日本茶道宗师千利休曾说过：“须知道茶道本不过是烧水点茶”。在彻悟了的茶人眼中，茶道本不过是平凡得不能再平凡的生活琐事，我国古代著名茶人也正是如此实践的。

“尽日一餐茶两碗，更无所要到明朝。”

——唐·白居易

“日午独觉无余声，山童隔竹敲茶臼。”

——唐·柳宗元

“一杯春露暂留客，两腋清风几欲仙。”

——宋·翁元广

“青山茅屋白云中，汲水煎茶火正红。”

——元·叶

“闷来无伴倾云液，古藤花底阅《茶经》。”

——明·徐祯卿

“最爱晚凉佳客至，一壶新茗泡松萝。”

——清·郑板桥

古往今来，茶人们正是这样，在闲适平凡的生活中体验佛理，内省自性，超越自我，得大自在。

其四曰“放”。

人生在世，一切苦恼都是因为“放不下”，所以佛教修行特别强调“放下”。近代高僧虚云法师说：“修行须放下一切方能入道，否则徒劳无益。”“所谓放下一切，是放下什么呢？内‘六根’（眼、耳、鼻、舌、身、意），外‘六尘’（色、声、香、味、触、法），中‘六识’（见、闻、嗅、味、觉、思）合称为‘十八界’。这‘十八界’都要放下，总之，身心世界都要放下，因为这些都是如梦如幻，如电如露，无可留恋，执之即成障道因缘，故统统要放下，尽未来际都放下，如此放下干净了，长永了，本妙明心显现，即与诸佛无异。”

品茶也强调“放下”。放下手头的工作，偷得浮生半日闲，放松一下自己紧绷的神经，放松一下自己被囚禁的心性，放下在政界、在商海、在文坛、在社会各行业的种种思虑，不必千般思索，百般计较，让自己享受淡淡的茶香，让茶汤涤净自己的肚肠，澡雪自己的心性。放下外界和自己强压在心头的荣辱、得失、悲喜、爱恨、情仇以及各种心事，让心灵空明澄静、了无挂碍，只有这样才能品悟出茶禅一味的真谛。白居易在《食后》一诗中写得好：

食罢一觉睡，起来两瓯茶。
举头看日影，已复西南斜。
乐人惜日促，忧人厌年赊。
无忧无乐者，长短任生涯。

做一个真正放下一切的茶人，才能成为一个“无忧无乐者”，感受到“日日是好日”。

“无住生心”是幸福快乐的源泉。所谓“无住”，就是真正认识到“一切有为法，如梦幻泡影，如露亦如电，应作如是观”使自己的心无执着、无依赖、无挂碍、无妄想。无住之心即“平常心”。有了“平常心”就能做到一切拿得起、放得下，使生活远离烦恼忧虑，充满欢喜。

“生心”是指放下一切，自性清静后生起的真诚心、平等心、正觉心、慈悲心和随喜心。

“无住”是破，“生心”是立。“无住”是使心无执着、无挂碍，做到旷达洒脱，得大自在。“生心”是使人达到“无缘大慈，同体大悲”。“慈”是博爱，是惠泽众生；“悲”是怜悯，是救苦救难。做到“无住生心”自然会了无挂碍地享受生活，并且自然会念念行善，真正做到恒顺众生，随喜功德，广种福田，自有福报。

“一期一会”是为人处世的法宝。“一期一会”脱胎于佛教的因缘观，它是佛家广结善缘和惜缘思想在茶道中的体现。“一期一会”的理念要求茶人从心里明白，人与人之间的每一次相会都是缘分，都是不可能重复的，因此要珍惜每一次相聚，在相聚前要做好充分的准备，每个极细微处也不可忽视。在相聚时要真诚待客、真诚沟通，尽量让朋友满意。

“石蕴玉而山晖，水含珠而川媚”，中国茶道蕴含了儒释道三教思想的精华，所以光耀古今，灿烂夺目，成为中华民族优秀传统文化的重要组成部分。

放松自己的心情，放飞自己的心灵——“六如”学员练习冲泡普洱茶

茶道与茶艺的关系

以道驭艺，以艺示道，道艺双修，体用结合——"六如"茶天使乔以琳

中国茶道与中国茶艺是中国茶文化核心内容的两个方面，她们相辅相成，互为表里。茶艺主技，载茶道而成艺；茶道主理，因茶艺而彰显。茶道是茶艺的灵魂，在修习茶艺时必须"以道驭艺"；茶艺是茶道的表现，在茶事实践中必须"以艺示道"。

中国茶道博大精深，它涵融三教，思接千载，视通万里，既包含了克明峻德、格物致知、以身许国、穷通兼达的儒家思想，又包含了天人合一、道法自然、淡泊明志、宁静致远的道家理念，还包含了茶禅一味、无住生心、梵我一如、普爱万物的佛法真如，所以修习茶道是心灵的澡雪，是人性的润泽。

中国茶艺源于生活、高于生活，它升华了中华各民族的饮茶习俗，展示了人之美、茶之美、水之美、器之美、境之美、艺之美。六美荟萃，美不胜收，所以倾心茶艺是美的观照，是美的享受。

可以这么说：茶艺赋予茶道形象和生命，不可言说的茶道因此而鲜活生动；茶道赋予茶艺深度和灵魂，平凡的茶事活动因此能成为生活的艺术、人生的艺术。我们在茶事活动中提倡艺道双修、心术并重、体用结合，只有这样，才能在美的享受中实现对身体的滋养和心灵的解放。

云南今雨轩茶具组合（一）

对于普洱茶而言，茶艺能充分展示她的陈香陈韵，而茶道能引导茶人去感悟普洱茶的心香与禅味。

云南今雨轩茶具组合（二）

5 “茶为国饮，普洱当先”，必须加强对茶道的研究

“茶为国饮，普洱当先”是云南省茶人近年提出的口号。这口号很大气，对于弘扬民族传统文化，构建和谐社会都有重要的现实意义。但是，如何才能实现“茶为国饮，普洱当先”呢？我认为必须从加强茶道理论研究和宣传普及做起。

“茶为国饮”最初是由孙中山先生在《建国方略》之二“实业计划”中提出的。21 世纪初，中国国际茶文化研究会会长刘枫先生联系一些有识之士，正式向全国政协提出了“茶为国饮”的提案。刘枫先生说得好：“今天我们再提茶为国饮，实际上是在一个全新的背景下，用一个全新的视角来重新认识茶的内涵和价值。”“提倡茶为国饮，有助于我们用现代的眼光来深化茶的经济，造福种茶人和饮茶人，催动古老茶产业的复兴，丰富我们的民生。”

那么如何实现以茶为国饮呢？我认为，至少必须创造三个基本条件。

其一，“国饮”应当像“国花”“国石”“国鸟”一样能反映出国人的精神追求，“国饮”应当成为中华民族优秀的传统文化的载体。它不仅仅是中华民族的传统生活习俗，而且是民族文化的象征符号，是我国与世界各民族进行文化交流的一张名片。茶在我国是生活的享受，是健康的良药，是友谊的纽带，是文明的象征。从这个意思上看，茶为国饮，当之无愧。

其二“国饮”应当有广泛的群众基础，应当为广大的老百姓乐于接受。我国素有“柴米油盐酱醋茶”“琴棋书画诗酒茶”之说。茶为国饮的群众基础毋庸置疑。

其三是“国饮”要能与时俱进，即使社会发生了天翻地覆的改变，“国饮”也能代代相传，长盛不衰。这一点如今正在受到严峻的挑战。时代变了，社会经济发展了，青少年一代在饮食方面已有更多的选择余地，咖啡、可乐、啤酒、果汁、矿泉水、碳酸饮料、乳酸饮料和各种各样的功能性饮料都在与茶争夺青少年消费者。这些饮料，有的在口感上占有优势，有的在方便上占有优势，有的在时尚方面占有优势，而唯独在文化内涵方面茶保持着无可替代的优势。因此，茶为国饮，普洱要想当先，就必须加强对茶道文化的研究和宣传，并以此作为魅力因素来争取青少年，牢牢地吸引青少年，使饮茶的优良传统能够代代相传。

我很遗憾地看到，这两年普洱热潮兴起之后，铺天盖地的普洱茶书基本上都只是就茶论茶，有些书的作者总是抱着几饼老茶说事，各种各样的“普洱茶研究会”“普洱茶高峰论坛”，也较少涉及普洱茶与弘扬中国茶道的关系。我以为提出“茶为国饮，普洱当先”，不是为了排斥其他茶类，也不是为普洱茶贴上“国饮”的标签，而是应当以现代人的眼光，去科学地诠释茶为国饮的含义，并深入研究如何以普洱茶为载体，以茶道为灵魂，倡导一种深深植根于民族传统文化，同时又符合新时代发展内在需求的健康、诗意、时尚的生活新方式。

茶道思想是茶文化的灵魂，同时也是茶与其他饮料竞争的核心竞争力。倡导“茶为国饮，普洱当先”，加强普洱茶在弘扬中国茶道中的地位及作用的研究和宣传，还有助于使喝普洱茶超出解渴和保健的

中国茶文化伴随着普洱茶已走向世界——中国大学生茶艺团在米兰世博会

需要，成为精神上的追求，有助于祖国的传统文化在品茶过程中，“随风潜入夜，润物细无声”般润泽青少年的心灵。我们要用茶道的思想吸引我国的青少年，使他们在爱上普洱茶的同时也深深地爱上祖国的传统文化。我们还要用茶道的精神与世界各国开展文化交流，让世界各国人民在接受普洱茶的同时，也接受普洱茶为他们带去的东方古国的灿烂文化和传统文明。

市场篇

欲知普洱销魂味，须是眠云跂石人

普洱琳琅满目，我自空杯以待

普洱茶商品的分类

2006 年 7 月 1 日发布的 DB53 云南省地方标准——《普洱茶综合标准》中，明确把普洱茶分为生普洱茶和熟普洱茶两大类型。

普洱生茶是以普洱茶产地环境条件的云南大叶种茶树鲜叶为原料，经杀青、揉捻、日光干燥、蒸压、成型等工艺制成的紧压茶。历史上最早的普洱茶实际上都是生普洱。现在市场上生普洱与熟普洱堪称一对姐妹花，销售中是平分秋色，消费者也各有偏爱。把生茶也明确地归为普洱茶是尊重历史、尊重现实的表现，同时也是使普洱茶彻底脱离黑茶类，自成一大茶类的理论基础之一。

普洱熟茶是以符合普洱茶产地环境条件的云南大叶种晒青茶为原料，采用特定工艺，经后发酵加工形成的散茶和紧压茶。按后发酵途径及程度的不同，熟普洱可细分为干仓普洱（也有人把这种茶无论陈化多久都仍然归于生茶类）、湿仓普洱、泼水渥堆发酵的现代普洱、

清代的金瓜贡茶

琳琅满目的勐海茶厂的普洱茶

微生物工程的现代熟茶以及急功近利的厂商用化学药剂催化的熟茶五类。

另外，熟普洱茶按商品的外观形态可分为散茶与紧压茶两大类。云南省地方新标准中把普洱散茶按品质特征分为特级、一级、二级、三级……十级，共十一个等级，其感官品质特征见表4：

表 4：普洱茶（熟茶）、散茶感官品质特征

	外形				内质			
品级	条索	整碎	色泽	净度	香气	滋味	汤色	叶底
特级	紧细	匀整	褐润显毫	匀净	陈香浓郁	浓醇甘爽	红艳明亮	红褐柔嫩
一级	紧结	匀整	褐润较显毫	匀净	陈香显露	浓醇回甘	红浓明亮	红褐较嫩
三级	紧结	匀整	褐润尚显毫	匀净带嫩梗	陈香浓纯	醇厚回甘	红浓尚亮	红褐尚嫩
五级	肥硕	尚匀齐	红褐尚润	欠匀带梗	陈香纯正	醇和回甘	深红尚浓	红褐欠嫩
七级	粗壮	尚匀齐	红褐欠润	欠匀带梗	陈香纯正	醇和回甘	褐红尚浓	红褐稍粗
九级	粗松	欠匀齐	红褐稍花	欠匀带梗团	陈香平和	纯正尚甘	褐红欠浓	红褐粗松

引自《DB53/T171—173—2006》

普洱紧压茶不分等级，外形有圆饼型、碗臼型、砖型、柱型、金钱型、金瓜型和工艺美术造型等多种形状和规格。上述分类，本来就足以让人眼花缭乱了，再加上台湾的茶人对普洱茶的不同分类法，就使得初涉普洱茶的人更加难以掌握。

台湾地区的茶人对普洱茶的分类，以廖义荣先生的分类最有代表性，他按照存放的年份把普洱茶分为 4 个级别：1～10 年为新制品；10～30 年为陈年品；30～50 年为印级别；50～100 年为古董品，古董品也称之为“号级茶”。另外，他还按照存放仓库的不同，把普洱

茶分为干仓普洱（存放于干净通风的仓库内）和湿仓普洱（存放于潮湿的地下室或人工加温加湿）。

“号级茶”是指 1938 年中茶公司成立之前清代及民国老字号茶庄所生产出售的普洱茶。在这个时期，易武是云南省最大的茶叶加工和出口基地，著名的茶号有 20 多家。易武老字号茶庄详见表 5：

表 5：易武在 1937 年之前创办的老字号茶庄

序号	茶号名称	创号庄主姓名	序号	茶号名称	创号庄主姓名
01	同庆号	刘葵光	11	同顺祥	向纯武
02	同昌号	黄备武	12	同泰昌	朱宝官
03	同兴号	向质卿	13	同兴昌	伺金城
04	乾利贞	袁谦禄	14	兴顺祥	胡发兴
05	车顺号	车顺来	15	鸿庆号	张正鸿
06	安乐号	李开基	16	义光祥	高耀光
07	福元号	余福生	17	德顺祥	高家星
08	泰来祥	黄卫中	18	新盛利	赵国传
09	元泰丰	吴炳元	19	同顺号	李光寿
10	庆春号	许坤	20	同云号	李其卓

在古六大茶山中，倚邦的老字号茶庄也较多，比较著名的有惠民号、杨聘号、庆丰号、鸿昌号、升义祥、大公号、庆昌号、合昌号、元昌号等。在众多老字号茶庄中，同庆号历史最悠久，并且以“选料精细、加工认真、包装精美”被海内外茶人公认为云南省第一茶号。

目前市场上的号级茶已所剩无几。据《云南普洱茶》杂志 2005 年 3 期介绍，2005 年福元昌号古茶存量不到 100 片，每片 16 万～18 万元；

龙马同庆号古茶存量不到80片，每片12万~19万元；同兴号古茶存量不到50片，每片10万~15万元。但是，当前市场上真真假假字号的古茶比比皆是，并且越卖越多，总也卖不完。

印级茶是指1936年中茶公司成立之后下属的佛海茶厂（今勐海茶厂），从1938年直到1967年这30年断断续续生产的“中茶牌”圆茶。现在市场上炙手可热的有“红印”“蓝印”“黄印”等。

据廖义荣先生介绍，50年代中茶红印到了2005年仅存1000片左右，每片价格2.8万至4.2万元。其他印级茶也都存量不多。

早期七子饼茶及编号茶：早期七子饼茶是指1967年生产的七子饼

勐海茶厂总经理张仕新和常务副总李文华介绍产品

茶；编号茶指后期七子饼茶，1975年以后，中茶公司生产的普洱茶采取统一编号，统一行销的管理办法。常见的编号为4位数，前两位代表编号的年代；第3位数代表所用原料毛茶的级别；最后一位数是中茶公司下属的厂家代码（1—昆明茶厂，2—勐海茶厂，3—下关茶厂，4—普洱茶厂，5—澜沧茶厂）以7572为例代表75年编号用7级茶为原料，由勐海茶厂生产。

双狮同庆古茶和百年宋聘古茶

普洱茶市场的现状

让下一代去选择——“六如”茶弟子王夕夏在传播少儿茶艺

由于普洱茶深奥复杂，这就给唯利是图者留下了极大的炒作空间。在暴利驱动下，这些年来一些商贩与个别文人联手，爆炒年份、恶炒野茶、滥炒包装，使普洱茶市场出现了三个美丽的陷阱和三个奇怪的现象。

三个美丽的陷阱

陷阱一：“普洱茶越陈越香，越陈越贵，收藏普洱能保值增值。”这种说法有意抽掉了三个基本条件。其一是所收藏的普洱必须品质优良并且符合国家卫生标准，否则，垃圾存放一百年依然是垃圾。你若购进的是“垃圾茶”，不仅不会增值，相反可能会存之无益，弃之可

有纸红印及原筒（《普洱壶艺》第二期施宏志供稿）

惜，令你进退两难。其二，普洱茶是供人喝的，若存放得当，它的感官品质和保健功效在某一定年限内确会提升，但到了一定年限后必然会降低。1963 年在清理故宫中存放的清代贡品普洱茶时，专家们一致认为其口感已淡而无味，结果只好打散了与新茶拼配后再销售。其三，在存放的过程中可能会霉变，会吸附异味或受病虫危害。由此可见，收藏普洱与任何投资一样都有风险。

陷阱二：“我这是野生茶，所以价格高。”这种宣传是抓住了现代都市人崇尚纯天然、原生态食品的心理特点来误导消费者。且不论“王婆”所卖的是否真正的野生茶，这里要强调指出的是，即使是以被破坏已经极稀少的野生古茶为代价，生产出来的野生普洱茶其品质也未必好，因为多数野生种的茶味极为苦涩。

目前在云南省生长的茶树大体上可分为三种不同类型：野生型古茶树，栽培型山林老茶树，台地现代茶园栽培的优良品种茶树。

1. 野生型古茶树：据西双版纳傣族自治州人民政府 2004 年组织的古树资源普查专家组写出的报告，真正的野生古茶树已极稀少，例如树龄 1700 年的勐海县巴达老黑山茶树王、树龄 2700 年的镇沅县千家寨茶树王等，这些野生古茶树若用来制茶苦涩味重，并没有太高的经济价值。但是，这些野生古茶树是世界茶文化的“根”和“源”，是茶树进化史上的活化石，是中华民族悠久饮茶历史的见证，是极珍贵的国宝，应列入一类保护树种，通过立法加以保护，严禁用于科学研究和教学需要之外的采摘，更严禁可能对茶树造成伤害的任何行为。相关部门应查处生产、销售野生古茶的企业。消费者应当像不吃国家保护的野生动物一样，自觉地不购买、不饮用野生茶。

2. 栽培型山林老茶树：目前这类茶园在云南省尚存有 40 000 公顷，仅西双版纳就有 8700 公顷（其中植株较多且连片的百年以上古茶园共有 5500 公顷）。目前云南省面积最大、历史最长、保存最好的是澜沧县景迈山万亩古茶园，这片茶园距今已有 1300 余年的历史，最高的茶树高达 5.6 米，在山林古茶园中茶树与森林共生，与特定的生物群落和谐生长，形成了良好的生态环境，被誉为“天然茶叶博物馆”。栽培型山林古茶园进一步印证了我国先民利用茶、栽培茶的功绩，山林古茶园不仅具有茶叶的经济价值，更重要的是具有科研价值、文化价值和旅游开发价值。保护山林古茶园，实际上就是保护云南茶叶发展史，保护民族文化的多样性。对栽培型山林古茶园应采取在保护的前提下合理开发利用的政策，严禁乱砍滥伐林木和毁林开荒等破坏生态环境的行为；严禁砍树采茶、抹光头采茶等有害茶树生长发育的采摘方式，并采取科学的方式，管护好古茶园。

3. 台地现代茶园：云南省的这类茶园已超过 20 万公顷。分布在 15 个州（市）的 110 个县区，这类茶园种植的大多数是国家级茶树良种或者是省级良种。云南省农业科学院茶叶研究所自 1951 年成立以来，

树龄 1700 年的巴达野生古茶树(今已死亡)

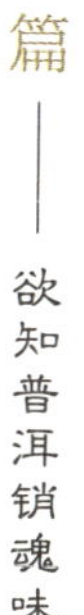

扎根边疆50多年，众多的茶学专家在深入调研的基础上，充分利用云南丰富的茶树品种资源，应用科学方法选育茶树良种，经过几代人的不断努力，先后繁育成功了云抗10号、云抗14号、云抗27号、矮丰、长叶白毫、云选9号等无性系良种，这些良种的推广为提升普洱茶的内在品质奠定了原料基础。有些茶客不了解茶树的基本知识，而把山林老茶称为乔木型，把台地现代茶园的茶树称为灌木型，这是错误的。其实台地茶也是乔木型茶树，而且是品种优良的乔木型茶树。

对于栽培型山林老茶与台地现代栽培茶，我们要有科学的客观评价。一般而言，山林老茶的生态环境良好、树龄较老，不少地方的栽培型山林老茶树的树龄都在100年以上，有的甚至达到700 ~ 800年

在栽培型山林古茶园中采茶

（如勐海县南糯山村半坡新寨），这些乔木型老茶树，树越老根越深，根系越发达，所产茶叶的茶气充足、滋味醇厚、香气多变、回甘明显而持久，并且不同古茶山所产的茶风格特点比较明显。

邹炳良先生在讲解如何鉴别真假“老同志”

台地现代茶园的茶树品种虽然优良，但生态环境不如山林老茶园，树龄也较幼嫩，加上种植密度大，不利于茶树根系的发育，所以所产茶叶滋味欠协调也较单薄，但茶的鲜爽度好、香气高。根据张俊、梁名志等人的《老树茶与台地茶品质比较研究》得出的结论，山林老茶树中所含的茶多酚、总糖、寡糖以及铁、锰等微量矿物质元素均高于台地茶。相反台地茶中所含的水浸出物、氨基酸、多糖以及锌、硼等微量矿物质元素和一些常量矿物质元素均高于山林老茶树。所以他们的结论是：“老树茶与台地茶各有千秋，不能简单武断地讲谁优谁劣、谁好谁差。”

台地茶是今后发展普洱茶生产的主要原料来源，只要改善茶园的生态环境（如实行樟茶间作）实行有机栽培管理，并逐步推广国际上

现代普洱茶的创始人之一邹炳良先生在怒斥假冒的“老同志”

最先进的GAP良好农业管理模式、用台地的茶菁也完全可以生产出优质普洱茶。

陷阱三：用可以以假乱真的包装来仿冒“号级茶”“印级茶”以及当前著名厂家的产品。

当前普洱茶市场上可以说是古今包装大展销，同庆号、同昌号、可以兴、红印、兰印、绿印、大益、老同志……你要什么就有什么。有一些茶书配有十分精美的图片并详细地描述老茶包装的特征，试图教读者怎么去鉴别“号级茶”和“印级茶”，其实这些描述比造假技术至少落后了几十年，如果谁真的去按图索骥，那只有上当受骗的份。我在2006年8月采访现代普洱茶创始人之一的邹炳良先生时，他讲得最多的是“老同志”被仿冒的苦恼，在采访勐海茶厂总经理张仕新和常务副总李文华时，他们也因为被大量“李鬼”困扰而义愤填膺。

樟茶间作的现代茶园

普洱茶市场上琳琅满目的包装是一个美丽的陷阱，我们在选购鉴别普洱茶时应当头脑清醒，坚持“六不原则”：

不为商家故事所误导。

不为野茶必优所诱惑。

不为包装字号所动心。

不以年份长短定价钱。

不以生饼熟饼定优劣。

不以价格贵贱论好坏。

面对普洱茶市场中美丽的陷阱，我们要相信自己的味觉、嗅觉和眼光，相信好茶是自己品出来的，而不是别人告诉你的。能让你心旷神怡、齿颊留香、满口生津的茶一定是好茶，除此之外别无标准，当然，国际制定的卫生标准除外。

三个奇怪的现象

这三个奇怪的现象是：如今精明的普洱茶商都变成作家，忙着著书立说了；聪明的专家教授都成了茶商，到处吆喝着推销普洱，大把大把地往腰包里塞钱了；商家和学者联手把普洱茶炒来炒去，炒到很多人（当然也包括云南人）要跑到不产普洱茶的台湾去，花上十几倍甚至几十倍的价钱回购普洱茶了。

我并不反对商人著书，更不反对文人经商，因为“儒商”自古以来就是商家追求的最高境界。问题是“著书立说”应当是作者对真理的追求和探索，所以古人有“立功、立德、立言三不朽”之说。“文章千古事，得失寸心知”，我提出当前普洱茶市场上有三个奇怪现象，只是想让每一个作者都拷问一下自己的良心，是否守住了一个做学问的人的道德底线？

勐海茶厂的总经理张仕新在介绍“大益”牌普洱茶的防伪标志

任由我想象的一杯水

三个真实的故事

对于普洱茶市场的火爆，真正关爱普洱的茶人都在进行冷静思索。云南省贸促会会长张李昆先生在接受《春城晚报》记者采访时坦言指出："云南每年出产 10 多万吨茶，牵涉成千上万茶农的生计，我们要卖出去的不是几两茶叶，所以过分渲染，人为炒作，都不利于这一产业的发展。"张李昆先生还很有见地的提出："要信誉，不要天价。"第一个喊出云南普洱茶可做成 100 亿美元大产业的马来西亚茶商陈凯希先生，2006 年 8 月递交了"万言书"，他指出："在经营中以发现有不少品质参差的普洱茶品牌，以致海外经销商难以分辨孰优孰劣"，并呼吁"不可让老鼠粪弄坏牛奶"。

为了佐证上述有见地的观点，我在此讲述三个真实的故事。

故事1： 据《皇朝经济文新编》商务卷记载：清人宜今室主人曾写了一篇《业坏于贪说》，预言我国的茶业在与印度、锡兰等国的竞争中将失利。他写道："甚矣，贪之为害也。古人造字，贪字点画与贫字极相似，这是因为贫穷之人未有不贪的，而贪心的人最终也没有不贫穷的。很可惜，国人往往毛病出在贪字上。试看当今的商务，最大宗的在丝茶两个行业，但是近年来，两业之疲敝，如江河日下，根源在于从事这两个行业的人多犯了贪病。用掺杂伪物以乱真，导致西方人士不愿购买。今年才略有转机，数家茶庄稍稍获利，于是都以为发财的机会到了，茶客才多了几人，商家便闻风涨价，从业者犹复不知儆惧，恣意大量生产，毫不限制，结果西方商客不销，销亦不广，则所做之茶皆成钝货，搞得全行业亏损。盖茶业之坏，其病在贪。"

宜今室主人的预言不幸言中。据《中国商战失败史》记载："出口货物，蚕丝而外，茶为第一，且为西人每日之必需之品，亦我中国近百年来独沾之利。各国人口日增，茶之销路当日广。但自光绪二年以来，红茶出口逐年递减，最少的"民国"二年，比最旺的时期少了1 113 618担，大有江河日下之势。至于出口价值，更是不堪回首，茶市萧索，不可复振矣！"

古人讲："以铜为鉴，可以正衣冠；以人为鉴，可以明得失；以史为鉴，可以知兴替。"但愿普洱茶业内人士能以史为鉴，切不可犯贪病，切不可重蹈清末茶业因贪而败的覆辙。

法国的汝拉、萨瓦闻名于世，不是因为汝拉山脉上皑皑的白雪，不是因为索恩河畔鲜红的枫叶，也不是因为绿茵茵的牧场上悠闲吃草

的有着黑白花纹的奶牛，而是这里盛产液体黄金——汝拉黄葡萄酒。关于汝拉黄葡萄酒流传着两个故事：

故事2：中世纪时，汝拉有一个贵族叫作古拉比尔，他被征召入伍，一去就是6年。待解甲归田回到故里，他发现家中酒窖里还堆放着许多应征入伍前生产的白葡萄酒。古拉比尔打开橡木桶一看，这些酒早已变成了黄色液体，在酒液上覆盖着厚厚的一层酵母，他以为酒变质了，于是叫工人把这些变色了的陈年葡萄酒都拉出去倒掉，并派人清扫酒窖，打算重新加工白葡萄酒。谁知工人在把酒抬出，拉到野外倒掉时，闻到一阵极诱人的芳香，于是品尝了一口，结果惊讶地发现，这种变了色的黄酒远比原先的白酒甘醇美妙。这消息一传十，十传百，从此，当地人都知道了，白色的葡萄酒经过酵母发酵再窖酿6年，便会变成色香味俱佳的绝世美酒。

据农业专家组认定已有3200年历史的锦绣茶祖

历史的回忆

故事3：汝拉有一位著名的生物学家叫巴斯德，他对酵母菌很有研究。巴斯德当年曾在一位同学家的酒窖里做过酵母在空气作用下，在葡萄酒中繁殖的试验。巴斯德把橡木桶里的酒倒掉1/3，并注入有少量有酵母菌的葡萄酒。结果证明，让空气和酵母相互作用，酿造出的黄酒品质和色泽都是一流的。巴斯德关于酵母在葡萄酒中自我繁殖的理论给了酿酒者极大的启发，并指导当地酒庄生产出了世界上最上乘的黄葡萄酒。

益生菌的魔杖实在神奇，它往往会给人类带来意想不到的惊喜，对酒是这样，对火腿是这样，对酸奶是这样，对普洱茶也是这样。普洱茶市场的当务之急首先是戒贪，其次是要相信科学。千万不可重复古拉比尔的简单错误，而应当做一名现代的巴斯德。对于那些把泼水渥堆发酵视为异端的人，尤其要学些生物学的知识。

三个必然的结局

我走，我问

有人把当前的普洱茶市场比喻为春秋战国群雄并起，这个比喻并不贴切。首先，当前普洱市场上参与竞争的并非都称得上“英雄”，而是鱼龙混杂。其次，春秋战国的最终结局是由秦国一统江山，而普洱茶市场的竞争结果不可能是被某一个强势企业所垄断。目前普洱茶市场的现状是千年遗风、百年积淀转化为千帆竞发、百舸争流的局面，这种竞争必然会形成三种结局。

龙头企业创名牌

当前的普洱茶市场客观地说已经形成了一些龙头企业，例如勐海茶厂、下关沱茶公司、澜沧江啤酒企业集团茶业有限公司、云南龙润茶叶集团、云南澜沧古茶责任有限公司、戎氏、中茶、海湾茶厂、茶马司、六大茶山等，这些企业有的历史悠久，技术力量强，营销网络健全；有的经济实力雄厚，并具有成功的现代企业管理经验和市场运作经验，它们从外行业介入普洱茶产业，为传统的普洱茶产业注入了生机活力。

老班章茶树王

2006年8月，我们专程采访了勐海茶厂的张仕新总经理，听他详细介绍了勐海茶厂在被博闻集团公司整体兼并重组之后，转变思路，在保持优良传统前提下，制定了种植、加工、科研、旅游、茶文化五位一体的发展总规划。制定了“站稳脚跟，打好基础，稳定提高”的工作思路。制定了“带队伍、收原料、抓扩产”的工作目标。以虚心务实的态度听取各方面的意见；以不拘一格的气魄，招聘、提拔人才；以雷厉风行的作风解决生产和经营中遇到的各种问

南糯山茶王赛

题；以抓科技、抓技改、抓管理为工作重点，仅2005年就新增茶学专业毕业生70多人，完成技改73项，并成为全省首批获得食品安全许可证的企业。从2004年10月以来，勐海茶厂走上了高速发展之路，“大益”牌已成为全行业公认的金光灿烂的名牌。

云南龙润茶叶集团是龙润集团的子公司。龙润集团是一个集药业、医院、教育、地产、酒业、茶业等多板块运作的国际企业。“一切为市场”是龙润的基本出发点。为人类健康服务是龙润追求的终极目标。龙润集团携资源、资本和营销团队三大优势介入了普洱茶行业，从三个市场建设入手打造普洱行业的新品牌，推动普洱茶产业健康发展。

首先是理论市场。龙润集团于2005年11月与云南农业大学联合创办了龙润普洱茶学院、普洱茶研究院，从科技与文化两个方面为云

笔者与米旗教授在茶山

南普洱茶的发展培养人才。

其次是产品市场。龙润集团用现代营销理念，从品牌运作入手，通过加快营销体系、科技支援体系、质量标准体系、管理服务体系四项建设，让优质普洱茶迅速占领市场。

第三是资本市场。他们提出在云南实行“龙头企业＋担保公司＋银行＋农户”的资本运作新模式，打算由龙头企业成立担保公司，为茶农向银行贷款提供担保，茶农用贷款扩大茶园面积，提高生产水平，从而增加收入。企业通过“做大做强”来打造国际名牌。

当前历史赋予了云南省普洱茶复兴的良机，而云南普洱茶产业赋予了龙头企业创世界名牌的历史使命。从宣传茶叶产品到打造茶叶品牌，这是从小农经济向现代市场经济飞跃的重要标志。而从注册品牌商标到打造世界驰名的茶叶名牌，这才是实现云南普洱茶辉煌的必由之路。有一句广告词讲得好，“有实力才会有魅力”，打造普洱茶世界驰名品牌这一光荣而艰巨的任务，只有实力雄厚的龙头企业才有能力实现。对此，我们真诚祝愿这一目标早日实现。

名家名山出极品

法国一直是葡萄酒的天堂，在当今，酿酒科技早已现代化、网络化了，但是在法国著名的 11 个葡萄酒产区内，仍然保留着大大小小的 8 万家葡萄酒庄园。正是这些保留着古朴制酒传统的庄园，每年生产出 46 亿千克风格各异的葡萄酒，架构起法国葡萄酒在世界上的威望声誉和显赫地位。

云南普洱茶与法国葡萄酒有许多相似之处：无论制茶的科技如何发展，政府在扶持龙头企业打造普洱名牌的同时，也应当扶持具备良好生产技艺的普洱茶专家，以名山名园为基地生产极品普洱茶 。

极品名茶的生产工艺极其考究。采茶要求“嫩叶新芽细拨挑，采茶之候视天气。”炒茶要求“斯须炒成满室香，木兰沾露微相似。”晒青要求“风和日暖添清韵，岂可炭焙伤天质。”制茶要求“规制古朴有妙法，心闲手敏功夫细。”大型茶企做不到这些要求，只有真正爱茶的名家用心才能做到。

同时，极品普洱必须用名山名园的山林老茶或精挑细选的国家级良种茶菁为原料。优质原料不可多得，所以极品名茶只能由制茶名家限量生产。我认为可借鉴法国对优质葡萄园实行“原产地监控命名法和产品可追溯管理法”相结合的管理办法，在山林老茶资源普查的基础上，对各名山的茶园按实测面积编号、命名、发证，并在不影响茶树生长的前提下核定每年产量，实行限量生产。同时从茶菁采摘开始，便用管理部门核发的防伪标签实行登记，进入加工和流通渠道后，在每一个环节也都要实行登记，最终确保消费者能购买到真正的名山名园名厂名家的极品普洱茶。

我曾多次采访今雨轩并跟踪了“金达摩”生产的全过程。“金达摩”普洱茶的生产基地设在澜沧江流域的千年古茶山中，离最近的寨子也有好几公里山路，周围都是古茶林，原生态的木屋古朴宽敞，车间里窗明几净，几乎一尘不染，所有的原料清一色的是景迈千年古茶林的晒青毛茶，可谓集天地日月之精华，纳古木山川之灵气。“金达摩”由我国著名高僧净慧老和尚赐名，由国学大师陈云君题字，严格遵循“以诚为指归，以感恩之心制茶”的独特理念精工细作。整个生产过程从头到尾由刘家学先生亲自把关，关键的程序由他亲自操作。“金达摩”压成茶饼后，先装在用冬瓜木做的木箱里，存放在温度适宜、通风良好的专用仓库中。出仓后小

刘家学先生在称量原料

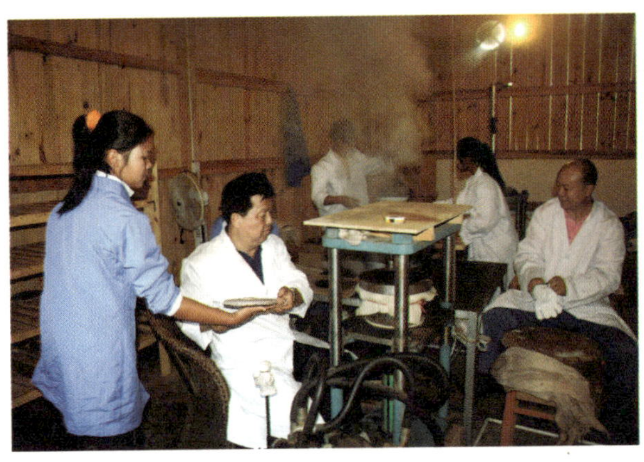

刘家学先生在压制普洱茶饼

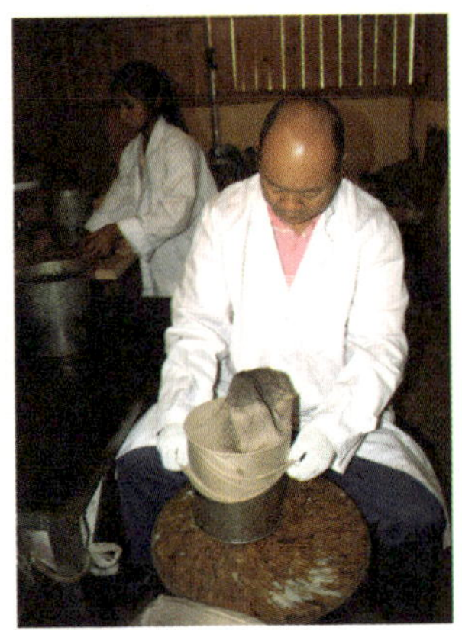
刘家学先生在包饼

包装用纸为高档树皮纸，外包装竹盒一律要用“金达摩”茶汤煮透三遍，晾干后再用。“金达摩”是我品过的最好的普洱生茶。若冲泡得法，冲泡 25 道后仍芬芳馥郁，茶汤爽滑，回甘明显。冲泡用的茶具放到第二天，仍可闻到杯底留香。难怪一位高僧品后感动良久，不禁感叹道：“达摩观音共俱佛心，今日始信也。”另外，现代普洱茶创始人之一邹炳良先生，勐海茶办主任曾云龙先生，女茶王杜春峰等著名茶人都是用经验、心血和对普洱茶的真爱在做茶，他们生产的普洱茶也都堪称茶中瑰宝。

邹炳良先生（左）在 2006 年首届中国云南普洱茶国际博览交易会上荣获双冠王

“李鬼”“画皮”被淘汰

当前喜爱普洱茶的人普遍存在三大困惑：质量优劣难以识别，存放年代无法鉴别，价格高低没有依据。这些疑问的存在都是因为普洱茶科学知识尚未普及，加上一些书本的误导，使得“李鬼”“画皮”有机可乘。今年云南省普洱茶第二套地方标准出台，规范了生产加工，也规范了营销市场。从理论上讲，现在普洱茶从茶园到茶杯均已有章可循。尽管标准中还有一些问题需要商榷，需要在实践中逐步完善，但是，标准的宣传和实施，无疑会加速“李鬼”“画皮”从市场中被淘汰。

不过，人们常说“道高一尺，魔高一丈”，不法奸商的造假伎俩也会不断花样翻新。在实际生活中，我们只有用心多品茶，多交流，多学习普洱茶的感官审评知识，“观千剑而后识器，操千曲方能知音”，当你成为普洱茶知音后，你自然就不会上当受骗了。

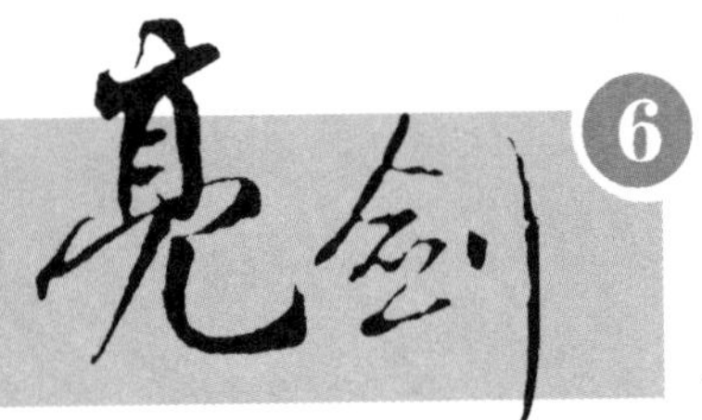

发展才是硬道理

“发展才是硬道理”，对治理国家而言是这样，对普洱茶市场也是这样。我认为普洱茶产业的发展应当是多种工艺随科学进步不断发展；多个产区在竞争中共同发展；众多品牌在市场机制制约下和政府管理下有序发展，打造普洱茶文化品牌，促进普洱茶科技创新，使文化和科技成为普洱茶的双翼，带动普洱茶飞跃发展。目前普洱茶市场上有股追捧老茶，贬低甚至否定创新的风气，这极不利于普洱茶产业做大做强，也极不利于广大茶农增效增收。中国传统文化中本来就存在“纵向承袭”的思维惯性，好像一切都是“祖宗”的好。其实“继承传统”不等于对前人风格的简单模仿和重复。“继承传统”的实质应当是学习前人的创新精神，正是因为有了创新精神，普洱茶才会从“无采造法”逐步发展成为一个新的茶类。我们这一代人的任务不仅仅是传承历史，更重要的应当是在传承历史的基础上开拓创新，与时俱进，振兴国茶。

我十分敬佩湖南农业大学的刘仲华教授、西南大学的刘勤晋教授以及中国科学院昆明植物研究所的杨崇仁教授等专家。刘勤晋教授从分子结构水平上去研究普洱茶香味的科学基础；杨崇仁教授从生物化学方面去研究普洱茶的生理活性；刘仲华教授不仅从现代发酵工程方面研究普洱茶的保健功能和独特风味，而且高屋建瓴，从宏观经济学方面去研究普洱茶市场的运作。这些专家学者虽然不是“世界普洱茶

勐海茶厂的总经理张仕新（中）、常务副总经理李文华（右）

研究员曾云荣先生（右一）在畅谈依靠科技兴茶

普洱茶专家张顺高先生在畅谈发展壮大普洱茶产业的设想

十大名人”，但是，他们科学研究的成果必将成为普洱茶产业发展壮大的强大动力。

云南民族茶文化研究会会长李师程先生说得好，他说：“当今世界，科学水平决定发展水平，最终决定发展命运。普洱茶要在日趋激烈的市场竞争中处于不败之地，就必须提高产品的科技含量。当务之急是要以现代科技为动力，实现自我创新。”

要实现多产区在竞争中共同发展，首先，云南的茶人要有包容之心，要有倡导“天下普洱”的包容精神。应当力争把普洱茶从黑茶中分离出来，上升为一个新兴的茶类，这样，它和绿茶、红茶、乌龙茶、黑茶等各种茶类一样，只要按照标准加工工艺去做，无论什么地方都可以生产。对于云南普洱茶，特别是名山名园的普洱茶，国家相关部门可以用国家地理标志产品保护法加以保护，并通过打造名牌和建立专卖店，以网络销售或厂家邮购等方式加以推广。

云南的普洱茶文化既是祖国茶文化的重要组成部分，又别具风韵，她包括多姿多彩的原生态民族茶文化，这是研究世界茶史的活化石；包括深邃玄妙的宗教茶文化，这是了解古人崇拜茶、以茶为图腾的心灵钥匙；包括神秘生动的茶马古道文化，这是可申报世界文化遗产的宝贵财富；包括魅力无限的茶道养生文化，这是普洱茶与世界交往的最佳名片；还包括与普洱茶相关的戏曲、诗词、字画、旅游、民俗、歌舞以及现代都市茶艺等。挖掘、收集、整理、弘扬这些茶文化必然能增添普洱茶的魅力。有了文化，普洱茶就不仅仅能养生健体，而且能润泽心灵。重视科技和文化，普洱茶产业就有了双翼；重视鼓励竞争与创新，普洱茶产业就有了动力；重视把普洱茶从玩家的小圈子里解放出来，像自称“茶盲”的李洪寿先生说的那样：“云南普洱茶要发展成为大产业，仅仅皇帝喜欢是不够的，必须老百姓喜欢！而仅仅

悠然自得——米兰世博会中国大学生茶艺团杨瑞

老百姓中的发烧友喜欢仍然不够；能让茶盲们喜欢才是真正的大手笔。”因为只有这样，普洱茶才有广大的市场。

能做到这三点，以茶科技和茶文化为两翼，普洱茶便可展翅高飞、迅速发展，造福茶农、泽被苍生。这正是：

云南普洱，茶中奇葩，东西南北造福五洲，

中华茶道，人文瑰宝，春夏秋冬润泽万民。

矮化的乔木普洱茶树

养生篇

爱茶得茶寿，快乐每一天

以茶养身的物质基础

各种茶类都具备的保健功效

普洱茶独特的保健功效亮剑

以茶养身时，千万别忽略了以道养心

大自然的正能量

以茶养身的物质基础

汉字很奇妙，茶字按偏旁部首可折为“二十”与“八十八”，加起来是108，所以茶文化界把108岁称为茶寿，并且十分流行“祝你爱茶得茶寿”的祝词。

当然在现实生活中并非每一个爱茶的人都能长寿，也不是每一个长寿的人都爱茶。因为健康是由多方面因素决定的，其中遗传因素占15%，自然环境占7%，社会环境占10%，医疗条件占8%，其余60%取决于人的生活方式。健康的生活方式固然很多，但是，当前国内外医学界公认品茶是最健康、最温馨、最富有诗意的生活方式之一。1975年，一组国际著名的医生和保健专家对世界上最长寿的日本冲绳岛进行调查研究，他们采访了400多名超百岁老人后，公布了冲绳人长寿的秘诀，其中很重要的一条是“寿星们每天都要喝几杯茶”。

到了21世纪，喝茶能修身养性，延年益寿已是常识，但是怎么样

作者与时年 118 岁的人瑞刘彩容老太太

才能做到科学的以茶养生，却是一门新兴的科学。我认为茶道养生应包括以茶养身和以道养心两个层面。这里我侧重介绍以茶养身。

我国是茶的故乡，我国古代的医学家对茶的营养保健价值早就有了深刻的认识。据《神农本草》记载："神农尝百草，日遇七十二毒，得荼而解之。"其中的"荼"即茶的古称。三国时期的神医华佗在《食论》中说："苦茶常服，可以益思。"唐代药学家陈藏器在《本草拾遗》中讲得更神奇，他说："止渴除疫，贵哉茶也。""诸药为各病之药，茶为万病之药。"明代大医学家李时珍不仅充分肯定了陈藏器"茶为万病之药"的观点，而且在《本草纲目》中对这一观点进行了论证。他写道："茶苦而寒，阴中之阴，最能降火，火为万病，火降则上清

车间传统石磨压制

矣。”人若能保持心情愉悦、神清气爽、阴阳协调，免疫力自然增强，万病自易痊愈。

如果说我国古代医学家、养生家对茶的医疗保健价值只是经验之谈，那么现代医学对茶的营养化学成分早已做出精确的分析。著名营养学家于若木指出：“据现代医学、生物学、营养学对茶的研究，凡调节人体新陈代谢的许多有益成分，茶叶中大多数都具备。现代科学不但对茶叶的几乎所有的成分都分析清楚了，而且把它抗癌、防衰老以及提高人体生理活性的机理均已基本研究清楚。”目前已分析出茶叶中含有的化学物质多达600多种，可归纳为十大类。

一、生物碱类

生物碱亦称为植物碱，是一类碱性含氮有机化合物。茶叶中含的

云南茶农欢迎您

生物碱包括咖啡因、茶碱、可可碱、腺碱等。其中咖啡因的含量最高，占茶叶总重的 2.0% ~ 5.0%。生物碱主要具有以下功能：

1）是中枢神经系统的兴奋剂，可使人精神振奋、睡意消失、疲乏减轻，增强人的思维能力和记忆力，提高工作效率。

茶中生物碱使人兴奋的过程不伴有继发性抑制，不会对人体产生毒害作用，因为咖啡因在人体内的半衰期（即分解 50% 所需时间）只有 2.5 ~ 4.5 小时，所以不会在体内积存。

2）可强化血管壁弹性，松弛平滑肌肤，有极好的强心作用。

3）有利尿作用。这个功能是由咖啡因和茶碱共同作用的，茶碱可扩张肾微细血管，加速尿液的分泌，咖啡因可刺激膀胱，加速排尿。

4）茶中的生物碱还可降低血液中的胆固醇，防止动脉粥样硬化，促进胃液分泌，帮助消化并能保持人体的酸碱平衡。

二、茶多酚类

茶多酚是茶叶中酚类有机化合物的总称，占茶叶总重的15%～35%。其中儿茶素约占茶多酚总量的70%，它是茶叶药理保健作用的主要活性成分，医学界也称其为“维生素P群”。茶多酚主要有以下功能：

落水洞古茶树

1）调节生理功能，防止动脉粥样硬化，降血脂、降血糖、降血压，增强人体免疫力，减轻烟草对人体的毒害，美容养颜。

神奇的紫鹃茶

2）抗癌变、抗衰老。最近，浙江大学博士生导师杨贤强教授的研究报告指出：茶多酚可阻止、抑制人体内由新陈代谢产生的自由基，清除“体内垃圾”，保护内脏器官，延缓衰老。

目前茶多酚已可提炼成药物，被用于临床医学，大量的医学案例证实，它对防治人类头号杀手心脑血管疾病具有十分显著的作用。

三、矿物质类

现代医学把人体所必需的矿物质元素称为“生命元素”。因为人体骨骼的坚硬、肌肉的收缩、血液的酸碱平衡、大脑的发育、智力的高低均与矿物质密切相关。“生命元素”可分为常量元素和微量元素两大类，常量元素包括钙、磷、钾、钠、氯、硫、镁七种。人体对这七种元素的需求量很大，例如，青少年每天钙的摄取量为 700 ~ 800 毫克，磷的摄取量为 700 ~ 800 毫克，钾的摄取量 1600 ~ 2000 毫克。

常量元素主要从谷物、肉、蛋、鱼、奶和各种蔬菜、水果等食物中摄取，饮茶只能作为一点微不足道的补充。

联合国卫生组织推荐的人体必需的微量元素有14种：钼、钴、铁、氟、碘、锌、镍、铜、铬、锰、硒、硅、钒、锶。医学研究表明，虽然人体对上述元素的需求量极少，但是这些元素与人体的健康关系极其密切。例如，威胁人类健康最严重的“死亡三大杀手”——心血管疾病、脑血管疾病和恶性肿瘤的发病原因均与体内微量元素失衡有密切关系。

人体必需的微量元素要靠多种膳食合理搭配来供给，绝不可偏食。但是其中有一些微量元素在普通膳食中含量不足，而茶叶中的含量较丰富。例如，硒和锌是我国人民日常膳食中普遍含量不足的两种微量元素。而茶叶中硒的含量为0.02ppm ~ 3.85ppm（百万分之一），锌的含量为每百克3.5 ~ 4.24毫克。硒被称为“月光元素”“抗癌元素”“长寿之星”，人体缺硒会出现生理活力减退，容易早衰。严重缺乏时还会导致心肌病变及心力衰竭。常饮富硒茶可帮助维持人体组织的柔韧性，维持红细胞和白细胞的正常功能，防止细胞癌变，清除自由基，延缓组织老化，另外还可解除体内因汞、砷、铅等过量摄入引起的中毒。对于女性而言，硒能防治更年期综合征。对于男性而言，硒是制造精液的必需物质，同时也参与前列腺素的新陈代谢，能有效提高性功能。

锌被称为“生命火花”和“夫妻和谐素”。它是合成蛋白质、DNA的必需物质，人体内酶的合成和活性也都离不开锌。缺锌会引起味觉异常、厌食、发育迟缓、创伤愈合缓慢、智力低下。锌还是生殖器官成长发育的重要物质，特别是男性，缺锌时会使产生睾丸素的能

美丽的茶农之家

力降低。女性有痛经情况者也要增加锌的摄入。

茶叶中还含有一些普通蔬菜、水果中无法检出的人体必需的微量元素，如钒、镍、钴、氟等。中医认为“药补不如食补”，常喝茶是对人体所需的微量元素的最佳补充方法。

四、维生素类

维生素是人体生长发育和维持健康所必需的一类有机化合物。目前确定的维生素共有 13 种：维生素 A、维生素 B 族（维生素 B_1、维生素 B_2、维生素 B_6、烟酸、泛酸、生物素、叶酸、维生素 B_{12}）、维生素 C、维生素 D、维生素 E、维生素 K。

中国营养学会对全国进行的营养报告表明，因为膳食结构不合理，我国居民维生素摄入不足和不均衡现象普遍存在，由此影响了其他营养素的吸收，从而影响人体的身心健康和智力发育。调查报告指出，我国群众普遍缺乏维生素 B_1、维生素 B_6 和维生素 C，严重缺乏维生素 A 和维生素 B_2。在每百克茶叶中含有维生素 A0.42 ~ 0.63 毫克、维生素 B_1 0.1 ~ 0.36 毫克、维生素 B_2 0.17 ~ 0.35 毫克、维生素 B_6 0.28 ~ 0.46 毫克，维生素 C8 ~ 19 毫克，多喝茶有利于补充人体所缺乏的维生素，提高人体免疫力，预防多种疾病。

五、芳香类物质

芳香类物质虽然不是人体必需的营养素，但人人喜爱茶的香气。闻茶香是一种独特的精神享受，茶香可让人心旷神怡、心情愉悦，从而提高人的生活质量，增进人的身心健康。

六、蛋白质和氨基酸类

蛋白质是生命活动中最重要的基本物质，生命的构成离不开蛋白

易武古镇

为天下人做好茶

质，生命的根本现象如繁殖、遗传、运动也都离不开蛋白质。茶叶中蛋白质的含量虽然占15% ~ 30%，但溶于水的不到2%。以每日饮茶（干茶）10克计算，摄入的蛋白质仅0.2克，而人体对蛋白质的日需求量为70 ~ 90克，可见饮茶对补充蛋白质可忽略不计。现在的不少茶书夸大对茶中蛋白质的宣传，这不利于树立合理膳食的养生概念。人类所需的蛋白质主要应由鱼、肉、禽、蛋、奶、豆制品和其他主食来提供。

氨基酸是构成蛋白质的原料，茶叶中含有一种对人体有独特功效的氨基酸——茶氨酸，茶氨酸的含量占茶叶中氨基酸总量的一半左右。茶氨酸可促进人体的生长发育，并能调节脂肪代谢，有减肥功效，同时还能增强人体免疫功能，提高抗病能力。

七、糖 类

糖类是生物界分布最广泛的一类有机化合物，由碳、氢、氧三种元素组成，因为最初发现时分子中氢与氧的比例为 2 ： 1，与水分子的组成相同，所以糖类也称为碳水化合物，它包括葡萄糖、蔗糖、果糖、淀粉、纤维素等。糖类是人体热量的主要来源。

茶中糖类物质的含量占总重的 20% ～ 25%，但泡茶时能浸出的只有它的 5%，所以茶是低糖饮品，无论健康的人还是糖尿病患者均可放心饮用。

八、脂多糖类

脂多糖是糖类与脂类构成的大分子化合物，约占茶叶总重的 3% 左右，是构成茶叶细胞壁的重要组成成分。脂多糖可增强人体免疫功能，有防治辐射损伤的作用，同时也有改善造血功能、增加白细胞数量、保护正常血象等功效，所以吃冲泡后的嫩茶芽对人体有益。

九、脂 类

脂类是脂肪和类脂的总称。脂类、蛋白质、糖类被称为人类的三大营养素。茶叶中脂类的含量占干重的 2% ～ 3%，相对人体对脂类的日常需要量而言，茶叶中的脂类含量微不足道，但是它有助于人体对茶叶中脂溶性维生素（胡萝卜素、维生素 D、维生素 E、维生素 K）的吸收。

十、茶色素

茶色素的主要成分为茶红素、茶黄素和茶褐素。茶色素是比茶多酚更具药用和保健价值的活性物质。现代医学界认为，茶色素的提取和在医疗中的实际应用是“茶医学”兴起的标志，也是国饮向国药发展的标志。

茶色素的临床实验医学研究表明，茶色素治疗高血脂血症的总有效率为 61.2% ~ 92.4%，对治疗脑梗死、老年痴呆症、脂肪肝、冠心病等均有显效。茶色素还有抗癌和改善亚健康状态的功效。所以“茶色素课题”是国家“九五”医药科技攻关（1035 工程）重点项目之一，茶色素开发成功后，我国已将其注册为国家发明专利。

正因为茶叶中含有上述 10 类营养保健化学成分，所以在国际医学会议上确认的 6 种保健饮品（绿茶、红葡萄酒、豆浆、酸奶、骨头汤、蘑菇汤）中，茶名列首位，在美国《时代》杂志推荐的十大健康食品（茶、三文鱼、菠菜、西兰花、大蒜、葡萄酒、番茄、坚果、燕麦、蓝莓）中，茶也名列首位。尽管如此，我们在介绍茶叶的营养成分时还是要特别强调指出，茶叶与任何食品、饮料一样，营养成分都有其局限性，并且茶叶的日摄取量很少，无法满足人体对营养物质的全面需要。建立科学的膳食观，必须以《黄帝内经》指出的“五谷为养，五果为助，五畜为益，五菜为充，气味合而服之，以补精益气”为准则。用现在的话来说就是膳食要多样化，营养要平衡，绝不能偏食。

高山云雾出好茶

竹杖芒鞋入深山，问茶之路还很远

各种茶类都具备的保健功效

提神益思

研究证明，茶的提神益思功效主要由三个因素作用：其一是茶叶中的茶碱、咖啡因可使中枢神经兴奋并增强肌肉收缩力，增进新陈代谢；其二是茶汤中的茶氨酸能提高人的学习能力，增强记忆力，茶汤中的铁盐在血液循环中也起着良好作用；其三是日本医学家的研究表明，茶叶中的芳香物质可醒脑提神，使人精神愉快，令人消除疲劳，提高工作效率。

利尿通便

茶的利尿功能主要是茶中生物碱的作用。茶碱一方面通过扩张肾微细血管使肾脏血流量增加、肾小球过滤速度增快，促进尿液形成；

一方面刺激膀胱，有利于尿的排出。多饮茶有利于预防尿道结石和肾结石，并可解除自来水中氯化物的毒害。

茶的通便功能主要是茶多酚的作用，它可增强大肠的收缩和蠕动。茶皂素具有促进小肠蠕动的作用。因此，多饮茶可使人体内新陈代谢所产生的有毒有害物质及时排出体外，从而保障人体健康。

另外，品茶时全身毛孔舒张、微微出汗，人体细胞内新陈代谢产生的毒素随汗液排出体外。可以这样说，茶是使人体内各器官和细胞保持清洁的最佳清洗剂。

固齿防龋

龋齿是人类的多发病，茶树是一种能从土壤中富集氟元素的植物，氟有固齿防龋作用。浙江医科大学做过让学生用茶水漱口的实验。结

作者与时年112岁被评为全国最健康男寿星郑苍松居士品茶

果长期用茶水漱口的儿童龋齿率降低 80%。另外，茶多酚类化合物可杀死齿缝中能引起龋齿的病原菌，不仅对牙齿有保护作用，而且可去除口臭。

消炎灭菌

日本食品工业学会的研究报告中表明，茶叶中的儿茶素、茶黄素对肠炎病菌黄色葡萄球菌、伤寒杆菌等多种致病细菌有明显的抑制作用。此外，我国茶叶质检中心主任骆少君的研究报告指出，茶多酚还对百日咳菌、霍乱菌、白癣菌等病原菌有抵抗作用，对流感病毒、肠胃炎病毒等病毒也有抵抗作用，还有一些案例如用茶水擦身或浴足，5 ~ 7 周后体癣、足癣的症状可消除。

解毒醒酒

茶的解毒作用是多方面的。对于细菌性中毒，茶多酚等物质能与细菌的蛋白质结合，使细菌的蛋白质凝固变性，导致细菌死亡。对于汞、铅、镉等重金属中毒，茶可使这些金属沉淀并加速其排出体外。对于轻度酒醉者而言，茶能醒酒，实质上也是解毒，即减少乙醇对人体的毒害。人在饮酒后主要是依靠肝脏把血液中的酒精分解成水和二氧化碳，这个水解过程需要维生素 C 作催化剂，酒后饮茶一方面可补充维生素 C，另一方面茶中的咖啡因可增强心脏收缩力，加速肝脏对酒精的分解，同时能提神醒脑，从而起到醒酒的作用。当然，若严重酒醉的人用浓茶解酒，茶中的咖啡因会使神经高度兴奋，心跳更快，这无疑是雪上加霜，不仅会加重酒醉的程度，而且有可能导致心脑血管疾病。

降脂降压

高脂血症是指血浆中所含脂类（包括甘油三酯、磷脂、胆固醇和游离脂肪酸）超出正常水平。高血压是指心脏收缩压或舒张压较正常值偏高的临床症状。

现代医学研究证明，许多中老年人的常见病，如脑溢血、冠心病、动脉粥样硬化、脑血栓、肥胖症等都和高脂血症有关。茶叶中的儿茶素能与脂类结合，并通过粪便排出体外。茶多酚可减少肠道对食物中的脂肪的吸收。日本流行医学调查结果表明，在60岁以上人群中，没有饮茶习惯的人冠心病患病率为3.1%，偶尔饮

茶乡风水树，润泽代代人

茶者，患病率为 2.3%，而连续三年饮茶者的患病率仅 1.4%。美国哈佛大学对 1600 名心脏病患者的长期跟踪调查表明，平均每周饮茶 14 杯以上者，比不喝茶的患者在同期内的死亡率低 44%。

高血压是现代生活方式造成的人类常见病，我国成年人的平均患病率为 4.9%，茶叶中的茶碱、儿茶素能使血管壁松弛并保持弹性，从而扩展血管的有效直径，使血压降低。茶叶中还含有少量的芦丁，芦丁也具有维持毛细血管韧性及降血压的功效。骆少君在《饮茶与健康》一书中指出，每天喝茶 10 杯以上者，高血压发病率比每天喝茶 4 杯以下者低约 1/3。

美容养颜

人体肠内排泄物滞留，肠壁的吸收作用会导致血液中带有对人体有害物质，使人面部出现暗疮、粉刺、黑斑，因此，排便不畅会

传承历史才有未来

影响皮肤的健美，而茶能清洗涤净人体内的新陈代谢物，使人的皮肤更加光泽有弹性。喝茶并同时控制饮食可以减肥，使人形体健美。茶中富含锌元素且易被人体吸收。人体内有 100 多种酶含有锌，所以通过饮茶补锌可使人的新陈代谢更加旺盛，促进骨骼、器官、皮肤的良好生长发育。茶中的维生素 C 及维生素 E 可抗氧化、抗衰老、抑制色素沉积、预防色斑形成。加上茶中的芳香族物质能使人心情愉悦，神清气爽，这样自然可以达到美容养颜的良好效果。

保肝明目

茶能保肝明目主要是因为茶叶中含有多种维生素和儿茶素。浙江中医院调查了 240 例老年性白内障患者，结果表明有饮茶习惯的老人白内障的发病率仅为不常饮茶老人的 50%。茶能保肝主要是因为茶叶中的儿茶素可防止血液中的胆固醇在肝脏沉积。苏联的医学家曾对 57 名慢性肝炎患者做过观察，他们用实验证明了儿茶素对病毒性肝炎和酒精中毒引起的慢性肝炎有明显疗效。

防辐射抗癌变

第二次世界大战时的原子弹爆炸给全人类蒙上了一层恐怖的阴影。广岛原子弹爆炸后的幸存者中，不少人因受到辐射而发生怪病陆续死亡。对幸存者的调查发现，嗜茶者以及迁移到茶区居住并大量饮茶的蒙难者不仅存活率高，而且体质良好。这一调查使科学家对茶的防辐射作用发生了浓厚兴趣，他们进行了大量的实验。有的科学家用从茶中提取的多酚类化合物饲养白鼠，然后再用致死剂量的放射性锶 -90 对白鼠进行辐射处理，结果发现，用茶多酚饲养的大白鼠大部分存活，而没有用茶多酚喂养的大白鼠全部死亡。因此，日本把茶称为“原子时代的饮料”，不少专家建议，经常接触放射源或天天看电视的人要多饮茶。

现代医学认为茶是一种防癌饮品。茶中抗癌的有机物主要是茶多酚、茶色素、茶碱和多种维生素，抗癌的无机物主要是硒、锌、钼、锰等。我国预防医学院最近报道了对 140 种茶叶进行的活体实验，大量实验都证明了茶水对人体致癌性亚硝基化合物的形成有阻断作用，并能有效抑制癌基因与 DNA 共价结合。中国工程院院士陈宗懋教授在《茶与健康》一文中指出：“通过大量的研究证明茶叶对实验动物的多种癌症有明显的预防效果。”陈宗懋教授还介绍说：“日本最早发现茶叶中的有效成分有抑制癌细胞繁殖作用的富田勋研究组，从 1986 年开始，连续 10 年对 8522 人进行跟踪调

爱茶的新一代

查，其中包括419位癌症病人。结果表明，每天饮绿茶10小杯的女性可使癌症延迟发生3年，男性可延迟3.2年。美国一向对临床药物有很严格的限制，目前也已批准将绿茶作为预防癌症的药物使用。”

壶里乾坤大，杯中日月新

抗衰老延年益寿

长生不老是人类自古以来的梦想。人为什么会衰老？多数专家认为，衰老的主要原因是人体内产生过量的“自由基”引起的。自由基是人体在呼吸代谢过程中产生的一种化学性质非常活泼的物质，它在人体中使不饱和脂肪酸氧化，并产生褪黑素。这种褪黑素在人的手、脸等皮肤上沉积，就形成所谓的“老年斑”，在内脏沉积，就促使脏器衰老。陈宗懋院士在《茶与健康》一文中介绍说：“瑞典科学家曾比较了红茶、绿茶和21种蔬菜、水果的抗氧化性。结果表明，绿茶和红茶的抗氧化活性比供试验的蔬菜和水果高出许多倍。”现代医学研究还证明了儿茶素也有抗氧化、抗衰老的功效。

我国曾对100位百岁以上长寿老人进行调查，结果发现95%是爱喝茶的老人，其中 70% 的长寿老人，每天要饮 5 克以上的茶叶。多次人口普查的统计资料表明广东是我国最长寿的省份，香港是我国最长寿的城市。广东、香港地处亚热带，理论上讲，炎热的地方人的寿命应当相对较短，但广东、香港的人平均寿命却最长，专家们认为这与广东人、香港人普遍嗜茶有关。大量医学研究和统计调查资料都证明：饮茶可延缓衰老、使人健康长寿。

向 92 岁的白族老人杨金泉请教以茶延年益寿之妙法

趣味调饮普洱茶——学生张闻芯在调制薰衣草热普奶茶

普洱茶独特的保健功效

普洱茶独特的保健功效早在清代就有文字记载。赵学敏在《本草纲目拾遗》中写道：“普洱茶，出云南普洱府。味苦性刻，解油腻牛羊毒，虚人禁用，苦涩，逐痰下气，刮肠通泄。”“普洱茶膏黑如漆，醒酒第一。绿色者更佳，消食化痰，清胃生津，功力尤大也。”

清代的一些有关宫廷生活的实录也都为普洱茶的保健功效提供了佐证。例如《宫妇谈往录》中在谈到慈禧冬季吃完御膳后，“老太后进屋后坐在茶几旁边，敬茶的先上一杯普洱茶，因为它又暖又解油腻”。

当然，上述都是对普洱茶养生功效的感性认识。现代的一些专家、教授用科学方法进行深入研究后，才逐步搞清了普洱茶的独特保健功效。

据西南大学茶叶研究所刘勤晋教授和中、法、日等国学者的研究成果表明，普洱茶的独特保健功效主要得益于两个方面，其一“从介绍普洱茶的家谱可以看出，优良的遗传基因使普洱茶的原料具有外形粗壮肥大，水浸出物、茶多酚、氨基酸、可溶糖含量高，氧化基质丰富的先天优势”。这是普洱茶营养保健功效的物质基础。

其二是渥堆发酵，益生菌帮忙。在渥堆发酵过程中大量益生菌先后出现，并且这些有益微生物的呼吸热对茶堆的温湿条件产生积极的影响。在微生物的作用下，茶叶中大量高分子化合物氧化降解，有的形成令人愉悦的香气物质，有的形成有独特保健作用的营养物质。例如，在渥堆发酵过程中，儿茶素的异构化使其清除自由基的能力有所增强，抗氧化作用有所提升，这有利于人体延缓衰老。

时光如流水，茶香存心间——“六如”茶天使王娟

刘勤晋教授、周红杰副教授等人都认为，参与普洱茶品质形成，并提升普洱茶营养保健功效的有益微生物主要有黑曲霉、棒曲霉、根霉、灰绿曲霉、乳酸菌和酵母。另外，在渥堆发酵过程中，抗坏血酸酶、多酚氧化酶和

过氧化物酶也呈现活跃变化。

以茶养身时千万别忽略了以道养心——学生王欣梅

基于上述原因，现代医学确认普洱茶有以下独特的营养保健功效。

1）台湾大学教授孙潞西博士指出：“普洱茶确实具有抑制肝脏胆固醇合成效果，并可有效地降低血浆中的胆固醇、三磷酸甘油酯及游离脂肪酸和增加粪便中的胆固醇排出量，同时还能抑制低密度脂蛋白氧化。”孙璐西教授同时强调普洱茶毕竟不是药物，故需经常饮茶，长时间养成喝茶习惯。

昆明医学院附一院内科心血管组临床用普洱沱茶治疗高脂血症，55个病例都表明普洱的降血脂疗效优于通常用的药品氯贝丁酯，而且没有任何副作用。近年来，日本学者的研究也得出了相同的结论。

2）中山大学何国藩等人研究表明，饮普洱茶后能引起人的血管舒张，血压暂时下降，心率舒缓，脑部血流量减少等生理效应，故老年人、高血压及动脉粥样硬化患者宜常饮。

3）据刘勤晋教授介绍，法国国立健康和医学研究所、奥尔赛营养生理研究所、巴黎圣安东尼医学院、亨利·芒多尔医院等四家机构分别研究的结果不仅证实了普洱茶具有降血脂、调节平衡胆固醇、促进新陈代谢、减肥等功效，而且有降低人体血尿酸、降低人体血

液中酒精含量等生理功效。另外，法国的医学研究还发现，普洱茶具有“降低香烟毒素致癌之毒性反应、利于人体内致癌物质之排泄，进而消除体内致癌基因”之功效。

4）据李连喜研究报告表明，渥堆普洱茶没食子酸（GA）含量是原料毛茶的3.2倍。没食子酸具有较强还原性，对人体肝癌细胞有杀灭作用，能扩张血管，对脑血管疾病有治疗作用。普洱茶中的没食子酸具有比儿茶素更强的抑制亚硝基二甲胺和亚硝基二乙胺致癌作用，有很好的保健功能。

因此，普洱茶是茶性中正平和、茶味醇滑甘爽，具有暖胃安神、去脂减肥、美容养颜、延年益寿功效的保健茶。

玉女祝寿

7 以茶养身时，千万别忽略了以道养心

茶道养生包括了以茶养身和以道养心两个层面。身心双养是普洱茶与药物的区别，同时也是普洱茶的魅力之所在。当前，在对普洱茶保健功能的研究方面，十分注重对理化成分和药理药效的研究，这无疑是十分必要的，因为如果不深入研究这些问题，普洱茶的保健功能就缺乏科学的依据。但是，如果忽视了对以道养心方面的研究，那么以普洱茶养生便缺失了东方文化的无限情趣。

人是大自然的骄子，是万物之灵。人的健康不仅表现为有强健的体魄，而且表现为有健康愉悦的心灵。健康愉悦的心灵表现为人与人、人与自然以及人与社会的高度和谐。

道家“天人合一”的思想深刻地揭示了人与大自然最本质的关系。受“天人合一”思想的影响，茶人从骨子里认同：“我与天地同根，与万物一体。”所以每一个人心灵深处都有着回归自然，融入自然的原始冲动。品茶便是人与大自然进行精神交流和感情沟通的最佳方式。特别是普洱茶，她从神话中走来，能够把人带到物我两忘的神奇境界中去；她是天地人三才合一的灵物，能够开启人与大自然心灵相通之门。当我们按照茶道理论的指导思想去品茶时，悠悠袅袅的茶烟，淡然无极的茶味，沁人肺腑的茶香，怡神悦意的茶境都可使得茶人的心境虚静空灵，都可使得茶人的身心达到高度的放松并与自然产生最亲切的交流。

有茶香引路，你会用一颗敏感的心灵去怜惜花儿的叹息，去聆听山林的合唱，去抚摸流水的颤动，去感受落叶的静美。一片残荷，一丝细雨，一朵白云，一阵微风都会让你心旷神怡。在这种品茗的心境和意境中，人与大自然能达到高度和谐，从而有效促进人的身心健康。

其次，与人和谐、与社会和谐才能健康长寿。人在特定的社会环境中生活，在每个人的心灵深处都存在着对人间真情的渴望。这在

讲不完的中国故事，喝不厌的中国茶
——学生汪瑛琦在米兰世博会

茶道中突出地表现为“一期一会”的思想和包容感恩的理念。有了“一期一会”的思想，茶人自然会惜缘，在品茶时会敞开心扉，让友情的阳光照进心灵深处。有了包容感恩的理念，茶人们就会有“无缘大慈，同体大悲”的情怀，以一颗博爱之心、随喜之心、感恩之心去待人接物，使自己与现实社会高度和谐。

在普洱茶理论研究中，特别要加强对“气”的研究。普洱茶是我国各种茶类中唯一讲“气”的茶类。虽然当前的学术界对于“气”颇有争议，但是，我认为“气”是中国传统文化特别是道家理论中的一个十分重要的基本理念，不应当轻率地全盘否定。

老子在《道德经》中提出“万物负阴而抱阳，冲气以为和”。即老子认为世界万物都是由阴阳两气，相激荡相融合而成的。东汉王充进一步明确提出：“天地合气，万物自生”（《论衡》）。在《辞海》中对气的解释为：“通常指一种极细微物质，是构成世界万物的本原。”

道家养生基本理论有“元气论”和“人体观”等。“元气论”认为元气是人的生命之源，生命之基，生命之本。养生以练养元气为根本。《老子河上公章句》指出“修道于身，爱气养神，益寿延年，其法如是，乃为真人。”真人，即得道之人。由此足见爱气养神之重要。

道家的“人体观”把人体看成是小宇宙，他们不仅认为人的身体器官构造与宇宙结构相呼应，而且通过阴阳五行八卦等，把天人结构巧妙地组合在同一系统里，人体这个小宇宙与大宇宙不断在进行着气的交流。人体之元气与天地之气相和相通，滴水与万川融为一体，故得长寿。

在茶道养生时，研究我国古代医学和道家学说中关于“气”的论述。借鉴气功、导引、调息、坐禅等功法，不仅可以使饮茶的方式更加有趣，而且确实有了强身健体、愉悦身心的作用。

附录

《普洱留春茶茶艺》

笔者自创的养生型普洱茶茶艺——《普洱留春茶茶艺》，供有兴趣者一试。

器具组合

酒精炉具或电随手泡一套，三才杯一套，玻璃公道杯一个，白瓷品茗杯一个，圆形双层瓷茶盘一个，水盂一个，竹制茶道具一套，茶巾一条，普洱茶 5 ~ 10 克，茶荷一个。

基本程序

1. 静心—抱元守一； 2. 候汤—鸣击天鼓；
3. 涤器—烫杯温鼎； 4. 投茶—瑞草入瓯；
5. 摇茶—灵丹受热； 6. 干闻—抱月升空；
7. 开汤—倾注玉液； 8. 刮沫—风吹浮云；

9. 洗茶—雨润仙草；　10. 烫杯—仙子沐淋；

11. 二冲—重洗仙颜；　12. 闷茶—乾坤交泰；

13. 闻香—餐霞服气；　14. 斟茶—玉池水涨；

15. 赏色—春意无边；　16. 品茶—涤心洗髓；

17. 回味—金液还丹；　18. 谢茶—归根复命。

功法说明

第一道程序：抱元守一

抱元守一是道教静心养气之法，也称为“抱元神，守真一”。《百字碑》载有吕洞宾的口诀“缄舌静，抱神定”。这是品茶前的入静。按照 “调身”的方法坐稳后，用舌尖轻抵上腭，接通任督两脉，然后息心宁神，意守丹田，做到“抱元”则气不散，“守一”则神不出。气定神闲后开始泡茶。

第二道程序：鸣击天鼓

把泉水倒入壶中煮沸，等候水开的过程称之为“候汤”。在候汤时双掌用力相互摩擦，发热后用双掌横向分别按住双耳，掌根向前，五指向后。以食指、中指、无名指叩击枕部9下后，双手掌骤离耳部为1次。如此重复4次，称为“鸣击天鼓”。此法有激活神经、保护大脑、调节全身功能的作用。用手心按摩耳郭，可调节内分泌；反复震荡两耳鼓膜，能增强听力；弹震后脑壳，能安神益脑，增强记忆，预防耳聋、头痛及老年痴呆症。

鸣击天鼓后，可放松地按顺时针、逆时针方向转头各9次，转头时尽量伸长脖子。

鸣击天鼓

第三道程序：烫杯温鼎

道家无论炼内丹还是外丹，都有把炼器称为鼎。这道程序即烫洗三才杯。三才杯烫得越热，泡茶的效果越好。

瑞草入瓯

第四道程序：瑞草入瓯

瑞草即仙草，古人把茶称为“瑞草魁”。把茶叶从茶荷中拨入三才杯，称为“瑞草入瓯”。

第五道程序：灵丹受热

盖上杯盖后，用右手持杯，在肩上方用力摇动 5 ~ 7 下，使热杯中的干茶均匀升温，以利于香气的散发。

第六道程序：抱月升空

双手把茶杯捧在胸前，低头闻茶香并深深吸入香气，边吸气边慢慢抬头挺胸，双手把茶杯托升到眉心。呼气时再放下到胸前，如此三次。呼吸时要尽可能深沉，多吸入茶香，并在心中念念有词：我吸入的是茶的芬芳，呼出的是体内的浊气；我吸入的是春天的气息，呼出的是体内的陈气；我吸入的是天地的灵气，呼出的是体内的俗气。每次呼吸后都要吞咽下一口津液，这样可合肾气、养元气、长真气，久而久之使人气色润美，肌肤光泽。

第七道程序：倾注玉液

即开汤泡茶。

第八道程序：风吹浮云

即用杯盖轻轻刮去冲水时泛在杯面的白色泡沫。“文武之道，一张一弛。”第六、第七两道程序都有要用力，这一道程序则一定要轻松舒缓，从容不迫。

第九道程序：雨润仙草

即洗茶。洗茶的动作要轻灵而快捷。冲入开水刮沫后，盖上杯盖，轻轻摇动三下可将头泡茶水用于烫洗公道杯和品茗杯，切忌浸泡太久，导致茶中营养物质大量流失。

第十道程序：仙子沐淋

用头泡的茶水来烫洗公道杯和品茗杯。

第十一道程序：重洗仙颜

即第二次冲入开水。

第十二道程序：乾坤交泰

即盖杯闷茶。茶人称“三才杯”的杯盖为天，杯托为地，当中的茶杯代表人。天即乾，地即坤，盖上杯盖后称为乾坤交泰。冲泡普洱茶必须加盖后闷茶0.5 ~ 1分钟左右，这样才能浸泡出茶的精华。

第十三道程序：餐霞服气

即开杯闻香。闻香时应将杯盖后沿下压，使前沿翘起，天地人三才不可分离。从杯盖与杯身的缝隙中，水蒸气带着茶香氤氲上升，如云霞升腾。第一次闻香不仅可用鼻子深闻，而且可大口大口地吸入蒸气和茶香。心中想象着自己好像是一位世外高人，正坐在高山上，迎着朝阳练功，自由自在地餐霞服气，以天地间精纯的真气来调养自身元气，达到练气合神，练神还虚，长生久视。

第十四道程序：玉池水涨

即向品茗杯中斟茶，并把多余的茶汤倾入公道杯备用。同时再三咽下口中津液。在“餐霞服气”时，茶香会使人满口生津。道家养生理论认为，这是因为闻香调息时肾气与心气相合，故太极生液。

这口中的甘津中有真气，真气中有真水，吞咽而下名曰交媾龙虎，经常吞服津液可以滋养真元，延年益寿。吕洞宾在《秘传正阳真人灵宝毕法》中授有口诀：“一气初回元运，真阳欲到离宫。提取真龙真虎，玉池春水溶溶。”

第十五道程序：春色无边

在餐霞服气和玉池水涨这两道要刻意调息的程序后，再完全放松一下自己。通过把玩茶杯，鉴赏汤色，看杯中茶汤的霞光虹影，信马由缰，让思绪飞扬，进一步感到心闲意适，以利于品出茶的真味。

玉池水涨

春色无边

第十六道程序：涤心洗髓

即品茶。道家品茶不是为了解渴，也不是为了娱乐，而是为了修身养性。品茶既可澡雪心灵，又可以涤净体内新陈代谢所产生的污物，所以被称为“涤心洗髓。”

第十七道程序：金液还丹

这道程序是进一步巩固并加强品茶的功效。品过茶后口有余甘，齿有余香，舌下生津，神清气爽。这时仍静坐不动，低头曲项，以舌尖抵上腭，自有清甘之液源源而生，味若甘泉，上彻顶门，下通百脉，鼻中自会闻一种真香，舌端亦生一股奇味，口中之津不嗽而咽，下还丹田，道家名曰“金液还丹。”吕洞宾有诀曰：“识取五行根蒂，方知春夏秋冬，时饮琼浆数盏，醉归月殿遨游。”口诀的大意是养生须知五行相生相克之理，做到四时有序；琼浆即口中甘津，月殿即丹田；“数盏”及“醉归”均为多吞咽之意。

第十八道程序：归根复命

道家品茶无拘无束，随意随量，兴尽而止，止曰归根。归根复命即在品了几道茶，觉得已尽兴后清洗茶具，结束茶事。

这套茶艺根据道教以液养气、以气养神、以神养精的原理，达到精、气、神俱旺，使人延缓衰老，青春常驻，故名为《留春茶》。

参考文献

[1] 陈宗懋 . 中国茶经 [M]. 上海：上海文化出版社，1995

[2] 陈彬藩 . 中国茶文化经典 [M]. 北京：光明日报出版社，1990

[3] 王镇恒，王广智 . 中国名茶志 [M]. 北京：中国农业出版社，2000

[4] 刘 枫 . 茶为国饮 [M]. 杭州：浙江古籍出版社，2005

[5] 董建文 . 中国茶医学 [M]. 天津：天津科学技术出版社，2002

[6] 林 治 . 中国茶道 [M]. 北京：中国工商联合出版社，2000

[7] 林 治 . 中国茶艺 [M]. 北京：中国工商联合出版社，2000

[8] 林 治 . 茶道养生 [M]. 西安：世界图书出版公司，2006

[9] 陆松侯，施兆鹏 . 茶叶审评与检验 [M]. 北京：中国农业出版社，2001

[10] 詹英佩 . 古六大茶山 [M]. 昆明：云南美术出版社，2006

[11] 苏芳华 .2002 中国普洱茶国际学术研究会论文集 [G]. 昆明：云南人民出版社，2004

[12] 黄桂枢 . 中国普洱茶文化研究 [M]. 昆明：云南科技出版社，1994

[13] 周红杰 . 云南普洱茶 [M]. 昆明：云南科技出版社，2004

[14] 邹家驹 . 漫话普洱茶（金戈铁马大茶叶）[M]. 昆明：云南美术出版社，2005

[15] 阮殿蓉 . 我的人文普洱 [M]. 昆明：云南人民出版社，2005

[16] 刘勤晋 . 中国普洱茶之科学读本 [M]. 广州：广东旅游出版社，2005

[17] 赵汝碧 . 历览西双版纳古茶山 [M]. 昆明：云南民族出版社，2006

[18] 石昆牧 . 经典普洱 [M]. 北京：同心出版，2006

[19] 雷平阳 . 普洱茶记 [M]. 昆明：云南美术出版社，2000

[20] 廖义荣 . 品味普洱茶 [M]. 昆明：云南科技出版社，2005

[21] 邓时海 . 普洱茶 [M]. 昆明：云南科技出版社，2004

[22] 邓时海，耿建兴 . 普洱茶续 [M]. 昆明：云南科技出版社，2005

[23] 池宗宪 . 普洱茶 [M]. 北京：中国友谊出版社公司，2005

[24] 刘 沙，唐 勇 . 法国葡萄酒 [M]. 上海：上海文化出版社，2004

后 记

当丙申年即将来临之际，《亮剑普洱（典藏版）》终于定稿付梓了。为了写好这本书，在初稿创作时我六进云南跋山涉水，走村串寨，寻师访友，这次修订版时我又四进云南核实补充资料，从2006年动笔至今整整十年，可谓“十年磨一剑”。在此期间，虽然得到了刘仲华、焦家良、刘勤晋、陈勋儒、李师程、邹炳良、陈升河、胡皓明、王熙群、刘家学、董碧莲、张顺高、戎玉廷、吕才有、周红杰、周玲、阮殿蓉、罗小辉、罗洪波、朱澄等专家教授的鼎力相助，但是限于本人才疏学浅，书中差错疏漏之处一定还很多，恳请读者诸君不吝赐教。

《亮剑普洱（典藏版）》中有关茶艺演示的照片全部由我的学生和西安六如茶艺培训中心的老师们提供。她们是：郭粤茗、覃晓兰、王娟、纪宏婷、张亚维、刘莳、林晓、殷子清、王夕夏、郑露莎、阳萍、殷瑀彤、彭静、李梦梦、杨瑞、汪瑛琦、乔以琳、王定燕、陈丽文、李文鑫、张闻芯、厉志先生和“今雨轩”也提供了一些相关的精美照片，在此一并深表感谢。更要加倍感谢的是中国茶叶学会副理事长、中国茶叶流通协会副会长兼专家委员会主任、湖南农业大学教授、博士生导师刘仲华先生为本书赐序，使得本书蓬荜生辉。

猴年春节已向我们走来，我们将迎来又一个美好的春天。我深信，我们迎来的也将是一个普洱茶茶产业和茶文化更进一步发展的灿烂春天。

2016年1月25日于六如轩读月斋